TEMPO
é o melhor
NEGÓCIO

TEMPO
é o melhor
NEGÓCIO

DANIEL PEREIRA

Empreendedor Serial e Especialista em
Modelos de Negócios Digitais

TEMPO
é o melhor
NEGÓCIO

COMO CRIAR UM **NEGÓCIO AUTOMATIZADO** E COMPRAR SEU TEMPO E SUA LIBERDADE DE VOLTA

ALTA BOOKS
E D I T O R A

Rio de Janeiro, 2021

Tempo é o melhor negócio
Copyright © 2021 da Starlin Alta Editora e Consultoria Eireli.
ISBN: 978-65-5520-517-6

Todos os direitos estão reservados e protegidos por Lei. Nenhuma parte deste livro, sem autorização prévia por escrito da editora, poderá ser reproduzida ou transmitida. A violação dos Direitos Autorais é crime estabelecido na Lei nº 9.610/98 e com punição de acordo com o artigo 184 do Código Penal.

A editora não se responsabiliza pelo conteúdo da obra, formulada exclusivamente pelo(s) autor(es).

Marcas Registradas: Todos os termos mencionados e reconhecidos como Marca Registrada e/ou Comercial são de responsabilidade de seus proprietários. A editora informa não estar associada a nenhum produto e/ou fornecedor apresentado no livro.

Impresso no Brasil — 1a Edição, 2021 — Edição revisada conforme o Acordo Ortográfico da Língua Portuguesa de 2009.

Produção Editorial
Editora Alta Books

Gerência Comercial
Daniele Fonseca

Editor de Aquisição
José Rugeri
acquisition@altabooks.com.br

Diretor Editorial
Anderson Vieira

Coordenação Financeira
Solange Souza

Produtores Editoriais
Ian Verçosa
Illysabelle Trajano
Larissa Lima
Maria de Lourdes Borges
Paulo Gomes
Thiê Alves
Thales Silva

Equipe Comercial
Alessandra Moreno
Daiana Costa
Fillipe Amorim
Kaique Luiz
Tairone Oliveira
Thiago Brito
Vagner Fernandes
Victor Hugo Morais
Viviane Paiva

Equipe Ass. Editorial
Brenda Rodrigues
Caroline David
Luana Goulart
Marcelli Ferreira
Mariana Portugal
Raquel Porto

Marketing Editorial
Livia Carvalho
Gabriela Carvalho
marketing@altabooks.com.br

Erratas e arquivos de apoio: No site da editora relatamos, com a devida correção, qualquer erro encontrado em nossos livros, bem como disponibilizamos arquivos de apoio se aplicáveis à obra em questão.

Acesse o site **www.altabooks.com.br** e procure pelo título do livro desejado para ter acesso às erratas, aos arquivos de apoio e/ou a outros conteúdos aplicáveis à obra.

Suporte Técnico: A obra é comercializada na forma em que está, sem direito a suporte técnico ou orientação pessoal/exclusiva ao leitor.

A editora não se responsabiliza pela manutenção, atualização e idioma dos sites referidos pelos autores nesta obra.

Atuaram na edição desta obra:
Revisão Gramatical
Alessandro Thomé
Gabriella Araújo

Diagramação
Catia Soderi

Capa
Rita Motta

Dados Internacionais de Catalogação na Publicação (CIP) de acordo com ISBD

P436t   Pereira, Daniel
         Tempo é o Melhor Negócio: como criar um negócio automatizado e
         comprar seu tempo e a sua liberdade de volta / Daniel Pereira. - Rio de
         Janeiro : Alta Books, 2021.
         256 p. : il. ; 16cm x 23cm.

         Inclui índice.
         ISBN: 978-65-5520-517-6

         1. Administração. 2. Negócio. 3. Tempo. 4. Negócio automatizado. I.
         Título.

2021-1817   CDD 658.4012
                                                       CDU 65.011.4

Elaborado por Vagner Rodolfo da Silva - CRB-8/9410

Rua Viúva Cláudio, 291 — Bairro Industrial do Jacaré
CEP: 20.970-031 — Rio de Janeiro (RJ)
Tels.: (21) 3278-8069 / 3278-8419
www.altabooks.com.br — altabooks@altabooks.com.br
www.facebook.com/altabooks — www.instagram.com/altabooks

Ouvidoria: ouvidoria@altabooks.com.br

Editora afiliada à:

SOBRE O AUTOR

Daniel é pai, marido e empreendedor serial. Ele é fundador da LUZ Planilhas, do site *O Analista de Modelos de Negócios* e da Agência Grow Online. Apesar de suas diferentes empresas, ele dedica a maior parte de seu dia à sua família, a fazer trilhas em meio à natureza e ao seu hobby de marcenaria.

DEDICATÓRIA

Dedico este livro à minha família. À minha esposa, Fernanda, e aos meus filhos, Eva e Vicente. Por vocês e para vocês, criei este modelo de trabalho e estilo de vida, para que possamos estar sempre juntos e ter oportunidades para viver novas experiências onde e quando quisermos. Aos meus pais, por terem plantado em mim a semente da curiosidade, de querer traçar meu caminho, usando a criatividade e a capacidade de criar com minhas próprias mãos, e por sempre me apoiarem nessa jornada.

AGRADECIMENTOS

Esse livro levou alguns anos para ficar pronto, e entre as idas e vindas desse projeto, algumas pessoas foram fundamentais.

Minha esposa, Fernanda, por todo apoio e compreensão de minhas muitas noites à frente do computador. Meus sócios, Leandro, Rafael e Filippo, por embarcarem nessa jornada comigo e me ajudarem a ir além da minha capacidade pessoal de tocar uma empresa. Amigos empreendedores, Fábio Seixas e André Diammand, por terem lido os primeiros rascunhos e me apontado para a direção certa. Meu editor, J.A. Rugeri, por não deixar o projeto morrer, e à banda GoGo Penguin, a qual escutei em loop durante a escrita deste livro.

SUMÁRIO

Introdução 13

1 » Criando Modelos de Negócios Automáticos 19
2 » Digitalize 47
3 » Automatize 73
4 » Terceirize 103
5 » Seja o Designer 125
6 » Colocando em Prática 153
7 » Liberte-se 193
8 » Uma Vida Mais Leve 219

Conclusão 237
Índice 253

INTRODUÇÃO

> "Acho que todo mundo deveria ficar rico e famoso
> e fazer tudo o que sempre sonhou
> para ver que essa não é a resposta."
> — Jim Carrey

Fui criado por dois pais maravilhosos, mas que, como a maioria absoluta dos pais de classe média, tinham um emprego com o mero objetivo de pagar as contas.

Cresci observando isso. Não era difícil perceber que meus pais não tinham grandes prazeres pelo formato de trabalho a que eram submetidos. Saíam cedo e chegavam tarde, pegavam trânsito na ida e na volta do trabalho, e, ao fim do dia, ainda tinham que fazer tarefas domésticas e dar atenção aos filhos. Era uma rotina muito cansativa.

Obviamente, quando se está cansado, você não consegue ser a melhor versão de si mesmo. Seja com você ou com quem você ama. Não sou traumatizado por nada disso, mas cresci questionando esse modo de vida. E como não tenho memória boa, fui me esquecendo dele ao longo de minha vida.

Não bastasse minha memória fraca, o caminho que percorri na educação tradicional matou minha criatividade e me fez focar em escolher uma carreira que pagasse bem, gostasse eu dela ou não.

A única coisa que supostamente poderia me garantir isso era o tal vestibular. Tudo girava em torno dele. "Ser engenheiro é bacana, dizem que paga bem." Foi assim que acabei passando no vestibular para Engenharia da PUC-Rio, curso que odiei e larguei no meio.

Mas existia uma coisa boa na universidade: nela eu tive um primeiro respiro de liberdade. Não havia inspetores. Se o professor não cobrava presença, bastava estudar a matéria e aparecer na prova.

Existiam palestras de outros cursos e eventos organizados por estudantes, como shows, festas, feiras, concursos etc. Oportunidades de respirar outros ares, redescobrir afinidades com seus gostos pessoais e suas vontades.

Foi na universidade que comecei a me conectar com o empreendedorismo, com a incubadora de empresas, com a empresa júnior.[1] Foi nela que comecei a escrever uma história que não era baseada no medo de não conseguir um "bom" emprego que "pagasse" bem, mas na vontade de criar algo próprio, em meus próprios termos.

Só que eu não comecei a escrever a história da maneira certa. Abrir seu próprio negócio era vendido — e ainda é — como uma história de fama e riqueza. Basta olhar as capas de revistas de negócios. E quando se bebe dessa fonte, você acaba mais influenciado por ela do que imagina.

Em 2011, fiz 30 anos, já empreendia havia 4 anos, e, de alguma forma, comecei aos poucos a me reconectar com memórias de minha infância. Foi o início de um momento difícil, mas muito importante em minha vida.

Nessa época, eu era dono de uma empresa de consultoria, de um coworking, sócio de uma aceleradora de startups, sócio de outras três startups e até mesmo de uma ótica de bairro. Eu era mentor em outras aceleradoras e eventos de startups e tinha o pé em inúmeras outras iniciativas.

Minha visão nessa época se resumia a: **mais é mais.** Quanto mais iniciativas, quanto mais eu trabalhasse e aproveitasse minha capacidade profissional, mais foda eu seria e maiores seriam minhas chances de sucesso. Apesar de viver cansado e questionar minha felicidade nisso tudo, o reconhecimento da sociedade desse "semissucesso" deixava esses problemas em segundo plano.

---

[1] As empresas juniores são empresas de consultoria formadas por alunos de graduação com o objetivo de desenvolver seus membros pessoal e profissionalmente por meio da vivência empresarial.

Mas foi pisando cada vez mais fundo no acelerador que, em 2013, acabei dando com a cara na parede. Desenvolvi a chamada síndrome do pânico e passei a travar uma longa e dolorosa batalha com minha mente e minhas emoções.

Faltava-me o que hoje eu chamo de **margem de manobra**. Tempo livre, liberdade para não fazer nada se assim eu quisesse, quando e onde eu quisesse.

Mas quando sua cabeça não para de pensar na lista de tudo o que precisa ser feito e você ainda não conseguiu fazer... e a lista só aumenta... tem algo errado. E tinha. E deu errado.

Ao mesmo tempo em que lutava com o pensamento de que eu tinha algum tipo de doença física e que morreria, pois assim é o pânico, eu tentava achar uma saída para esse inferno astral de um estilo de vida que eu mesmo tinha criado.

No meio de um turbilhão de emoções, o pouco que consegui raciocinar me permitiu entender que eu não tinha vários negócios, eu tinha vários problemas. Problemas que sugavam todo o meu tempo e me aprisionavam. Todos com a possibilidade de em algum momento no futuro dar um retorno financeiro. Futuro. Retorno. Financeiro. **Uma versão mais sexy da aposentadoria.**

Foi no meio desse caos que voltei no tempo e me lembrei de minha infância, de meus pais cansados, com pouco tempo para si mesmos e sem saco para quaisquer outras coisas. Aquele tempo em que uma lâmpada queimada lá em casa podia levar semanas até ser trocada. A verdade é que eu havia esquecido disso tudo, e estava mais do que na hora de relembrar e criar uma realidade diferente para minha vida.

Coloquei então meu ego de lado e saí me desligando dos negócios, entregando minhas cotas e encerrando outras iniciativas. Mantive apenas o negócio que tinha dado origem a tudo: a minha empresa LUZ Consultoria.

Como consultor, vi de perto o quanto uma empresa pode ser tóxica para seu dono. Tive clientes que me contaram que tinham pensado em se matar, outros dizendo que tomavam de três a quatro comprimidos de antidepressivos todas as noites para conseguir dormir.

A LUZ, enquanto consultoria, vivia de vender minhas horas, e isso não era escalável. Quanto mais ocupado eu fosse, mais bem-sucedido eu seria.

A lógica de resultados financeiros era baseada na quantidade de horas vendidas. E isso também não era saudável.

Mas a essa altura, essa empresa já tinha se transformado na LUZ Planilhas, um e-commerce de planilhas prontas em Excel. Um modelo de negócio escalável. Um modelo de negócio que não dependia da venda de horas.

Esse era o único negócio que eu visualizava ser capaz de criar o estilo de vida que eu desejava. Um negócio capaz de escalar e rodar no automático.

Felizmente, me livrei do pânico e encontrei as estratégias necessárias para criar empresas capazes de rodar no piloto automático.

Criei uma estrutura que permitia o trabalho remoto, a flexibilidade de horário, aprendi a simplificar, automatizar e terceirizar, de modo que só cabia a mim tarefas que exploram minha capacidade intelectual e criatividade. Hoje eu me desafio quando e o quanto desejo.

Na LUZ, nosso escritório é online, nosso marketing é 100% automatizado, nosso financeiro é terceirizado, nossa criação de produtos é feita por freelancers especialistas, nosso suporte é 90% resolvido com documentação de ajuda e respostas automáticas, tudo é monitorado para manter a operação funcionando em harmonia e identificar, em pouco tempo, peças que possam ter saído do lugar.

Não é um negócio perfeito, mas é perfeito para mim. Ele permite que eu tenha o estilo de vida com que sempre sonhei.

Hoje moro em um outro país, me dedico diariamente à minha família e a mim, tenho tempo de sobra para cuidar e brincar com meus filhos. Em dias de sol, saio para correr ou andar de bicicleta. Em dias de chuva, me permito ser mais preguiçoso e dormir de tarde. Aproveito promoções e descontos em hotéis no meio da semana, faço tudo aquilo que a não dependência dos horários comerciais e finais de semana me permitem.

Hoje tenho três negócios que rodam com pouca influência minha. Faço trabalho criativo por cerca de duas horas pela manhã e duas horas à tarde, em casa ou onde estiver, pelo celular ou em meu laptop. Eu me desafio sempre que possível, me mantendo um eterno aprendiz, buscando a constante evolução profissional e pessoal, mas sem abrir mão da qualidade de vida.

Sucesso, para mim, não é sair em capas de revista, ter muito dinheiro no bolso e trabalhar horas e horas a fio, ter milhares de reuniões e e-mails para responder, ser responsável por uma folha de pagamento de centenas de funcionários, ter falta de tranquilidade e de paz.

Sucesso é ter tempo para fazer o que eu quiser, quando e onde eu quiser.

❯❯ SOBRE ESTE LIVRO

Esse livro nasceu de uma necessidade pessoal de criar negócios com maior equilíbrio e qualidade de vida. As dicas e metodologias aqui descritas podem ajudar de pequenos a grandes negócios a atingir maior escala, reduzir custos e obter maiores retornos financeiros com operações mais simples e automatizadas.

Em minha visão, empreender não é apenas criar negócios, mas, sim, ser uma ponte para você fazer as coisas que quer na vida em suas diversas esferas.

Na visão tradicional, empreender é criar modelos de negócios capazes de gerar valor para o mercado e captar valor dele (gerar lucro) para que você possa fazer coisas em que o dinheiro é necessário.

Só que acontece que parte das melhores coisas da vida não se compra com dinheiro; se compra com tempo livre.

Então o modelo de negócio ideal, no fundo, tem de ser capaz de **gerar lucro e tempo livre para você**. Se ele só gera lucro e você não tem tempo, então somos escravos de nossos negócios sem tempo para curtir tudo o que a vida tem a nos oferecer.

Por eu ter tido uma transformação tão importante em minha vida, que mudou minha relação com minha família e meu tempo, resolvi compartilhar com você como consegui fazer isso por meio do desenho de modelos de negócios automatizáveis.

Ao ler este livro, você aprenderá a criar negócios com estratégias que exigirão muito pouco de seu tempo para gerenciá-los. Desta forma, você poderá ter tempo de sobra, dinheiro suficiente para curtir a vida e um total equilíbrio entre o pessoal e o profissional.

CRIANDO MODELOS DE NEGÓCIOS AUTOMÁTICOS

"Tudo o que você deseja em sua vida
pode ser possibilitado pelo seu negócio."
— Russel Brunson

É muito comum escutar que, ao se tornar dono de seu próprio negócio, você trabalhará muito mais do que trabalhava antes. Apesar de isso ser dito com a maior naturalidade e até com um certo "orgulho", ao escutar isso, eu só consigo pensar: mas que merda, né? Alguém realmente acha isso legal?

Tenho certeza de que frases como essa só fazem com que potenciais empreendedores desistam de suas ideias e da vontade de criar um negócio. Afinal, já vivem jornadas de trabalho de oito horas diárias, que somadas a almoço e deslocamento, se tornam facilmente doze horas. Alguém terá tesão em ter de dedicar ainda mais horas à vida profissional? Acho que não.

Vamos fazer um cálculo simples. Em um dia de 24 horas, das quais você dorme cerca de 8 horas e dedica 12 horas ao trabalho, só lhe restam 4 horas para ficar com a família, encontrar amigos, fazer exercício, preparar suas refeições ou fazer qualquer outra coisa que você gostaria de fazer que não seja trabalhar. É isso mesmo. Apenas 20% do seu dia.

Para mim, a jornada de trabalho de oito horas diárias dentro de escritórios não fez sentido. Ninguém é produtivo por tantas horas seguidas. Principalmente quando seu trabalho exige pensamento criativo. Além disso, ficar fisicamente oito horas em um mesmo lugar nunca garantiu produtividade, que é o que realmente importa.

Costumo dizer que não suporto tomar banho de luz fria o dia inteiro. Não que eu seja surfista ou rato de praia, mas passar o dia inteiro em um ambiente fechado, sem poder dar uma volta em algum momento do dia para curtir um dia de sol e céu azul, é algo que nunca fez sentido na minha cabeça.

Não existe um dia igual ao outro. Aquele dia lindo lá fora passou, e você o perdeu para sempre. Quantas vezes você viu, de dentro do escritório, semanas com dias lindos, só para chegar o final de semana e chover? Já deve ter perdido a conta.

Outra grande motivação que eu tinha para empreender era o que eu via todos os dias no transporte público durante a hora do rush. Fosse no ônibus, trem ou metrô, era a visão do inferno. E eu digo isso não por causa de carros e vagões lotados, mas porque a única coisa que você verá ao seu redor são pessoas cansadas, com expressões de infelicidade no rosto. Não existe nada a ser comemorado nesse cenário. Absolutamente nada.

Hoje em dia, me dou o luxo de coisas como acordar todos os dias sem alarme. É isso mesmo. Sem despertador. Eu desperto naturalmente todos os dias quando meu corpo ou meus filhos decidem.

Também cozinho todos os dias em minha casa. Certo, não todos os dias, pois há dias em que minha esposa cozinha e dias em que pedimos delivery ou vamos a restaurantes. Mas, em muitos deles, eu preparo minha comida, porque tenho esse tempo disponível. E curto essa função, porque é mais saudável e mais prazeroso comer o que você mesmo cozinhou. Todas as semanas eu aprendo novas receitas, utilizo novos condimentos, descubro novos sabores.

E sabe o que é mais interessante? Eu não era assim antes. Não tinha vontade de cozinhar, nem de aprender a cozinhar. Eu até arriscava uma receita ou outra em um final de semana ou feriado prolongado, quando realmente dava tempo para me aventurar na cozinha. Mas era raro.

Eu também me exercito mais. Quando se tem tempo, a desculpa do *"mas eu não tenho tempo para isso"* cai por terra. Posso fazer uma pausa no meio da manhã ou da tarde para malhar. Não preciso sacrificar a hora do meu almoço ou acordar muito cedo ou ir à academia no final do dia.

Quando você tem tempo, você muda para melhor. É simples assim.

≫ EMPREENDA PARA CAPTURAR MAIS TEMPO

Criar uma empresa com um modelo de negócio capaz de rodar no piloto automático não é uma oportunidade, é uma necessidade. Uma necessidade para todos que desejam empreender ou que já empreendem. Para todos que estão enforcados apagando incêndios em suas empresas com formatos tradicionais.

As atuais ferramentas tecnológicas disponíveis e a grande oferta de freelancers na internet me permitem seguramente dizer que é possível automatizar ou terceirizar 90% das atividades de uma empresa.

Em outras palavras, é possível administrar uma empresa com menos funcionários (ou sem nenhum), menos tempo e menos estresse.

É possível rodar uma empresa com mais tempo para você, para sua família, para seus hobbies, para seus esportes ou para suas viagens. Com mais saúde, mais tranquilidade e mais felicidade.

Mas é preciso entender que a maior parte das empresas funciona com base em modelos de negócios que não foram estruturados de forma inteligente.

Um modelo de negócios descreve como uma empresa cria, entrega e captura valor. Você cria um produto ou serviço para seus clientes, que é entregue através de seus processos operacionais, e captura valor como consequência do sucesso das duas etapas anteriores.

Capturar valor, ou a capacidade de uma empresa de gerar lucro com as transações dela, é uma parte fundamental do sucesso de um modelo de negócio. Apesar de ser um dos principais objetivos de uma empresa, posso afirmar a você que a maioria dos empreendedores dá pouca atenção a essa parte.

A maioria dos empreendedores foca exclusivamente na Proposta de Valor (o produto ou serviço) e deixa a captura em segundo plano. A consequência disso é que muitos empreendedores se sentem com a corda no pescoço, pois seus negócios estão sempre a um passo da falência.

Capturar valor não é dar um preço ou escolher uma forma de cobrar pelos seus produtos e serviços. Capturar valor é pensar na matemática mais profunda de seu modelo de negócios. É obter margens maiores com custos diretos menores. É ter um operacional mais eficiente usando a tecnologia a seu favor.

Capturar mais valor é parte essencial na forma como, ao longo deste livro, ensinarei você a criar um modelo de negócio automático. Mostrarei como a automação e a terceirização feitas corretamente permitem gerar menor custo e maior receita.

Em uma das minhas empresas, a LUZ Planilhas, vendemos softwares que funcionam no Microsoft Excel. Alguns chamam de planilhas, mas o que fazemos é software de verdade. Pensamos na usabilidade, desenhamos interface, programamos com fórmulas especiais e macros, vendemos nossas planilhas através de licença, em diferentes línguas para clientes em mais de noventa países diferentes.

Quando começamos a vender esses softwares, nós os vendíamos por um décimo de seu preço atual. Hoje, nossos produtos custam, em média, R$300.

Não capturamos mais valor porque aumentamos os preços. Capturamos mais valor porque entregamos mais valor. Capturamos mais valor porque investimos em design, usabilidade, marca. Nossos produtos tinham cara de planilhas e passaram a ter cara de software. Passaram a fornecer relatórios e insights melhores do que softwares de grandes empresas.

Capturamos mais valor, pois entregamos valor com menor custo. A venda de planilhas é feita de forma digital. Nossos softwares de automação de marketing conduzem o cliente por todo o processo de vendas, nosso e-commerce captura o pagamento e libera o produto para download. Vendas acontecem sem que eu e meus sócios tenhamos de fazer qualquer tipo de trabalho. Vendemos enquanto dormimos.

À medida que passamos a capturar mais valor, passamos a poder destinar mais dinheiro à contratação de novos softwares e terceirizar certos processos. Quanto mais valor capturamos, mais lucramos, mais usamos esse lucro para investir na criação de um modelo de negócio automatizado, que, consequentemente, nos permitiu capturar mais tempo. Capturar tempo? Sim, capturar tempo. Para nós mesmos.

Estou falando de capturar mais do que dinheiro, capturar algo que vale muito mais nos dias atuais: tempo.

A matemática é simples: mais dinheiro, mais lucro, mais dinheiro para contratar bons designers e especialistas em Excel, softwares de automação e outros serviços terceiros que livraram a mim e meus sócios de ter de trabalhar o dia inteiro fazendo tarefas repetitivas e desgastantes.

Em inglês existe a expressão *"buy your time back"*, que em português significa "comprar o seu tempo de volta". É exatamente disso que estou falando. Gerar valor para comprar tempo de volta.

Menos "tempo trabalhando", mais "tempo para o resto de sua vida".

No livro *Sonho Grande*, que conta a história de Jorge Paulo Lemann e de seus sócios, Marcel Telles e Beto Sicupira, existe uma passagem que fala sobre o que estou tentando explicar.

Logo depois da venda do Garantia para o Credit Suisse, em 1998, Lemann relatou à revista *Época* a seguinte história:

"Há cerca de um mês, jantei em Boston com Warren Buffett (um dos homens mais ricos do mundo). No jantar, ele me perguntou como me sentia em relação à negociação do Garantia. Eu disse que estava bem e preferiria tentar ser mais Warren Buffett e menos Sandy Weill, Jon Corzine ou John Reed (chefões do Travelers, Goldman Sachs e Citibank).

Buffett me perguntou por que, e eu disse que ele tinha mais senso de humor, mais domínio sobre o próprio tempo e era mais rico. Ele respondeu da seguinte forma: 'Então vou mostrar como sou rico'. Puxou do bolso a agenda, folheou algumas páginas, quase todas em branco, e disse: 'Veja como sou rico. Olhe quanto tempo tenho para fazer o que quero, quando quero'."

O problema é que a importância do tempo livre é uma ficha difícil de cair para nós. A gente escuta isso de uma forma ou de outra, talvez até vivencie isso em alguns momentos, mas rapidamente o trocamos por coisas que valem menos para nossa vida.

Ninguém tira onda porque tem muito tempo livre. Ninguém sai em capas de revista por causa disso. A sociedade acha que quem tempo livre é vagabundo.

➤➤ EU ERA FELIZ E NÃO SABIA

A primeira vez que eu vivi isso na pele foi no início de minha jornada empreendedora. A LUZ, empresa que hoje vende softwares para Excel, começou como uma empresa de um homem só, vendendo projetos de consultoria empresarial.

A história foi mais ou menos a seguinte.

Eu sempre quis empreender, mas o primeiro passo para isso veio curiosamente com uma nova oferta de emprego. Insatisfeito com meu emprego na IBM, resolvi aceitar uma oferta do Claudio Nasajon, dono da Nasajon Sistemas e meu ex-professor de faculdade: "Daniel, você não quer vir trabalhar no escritório de projetos da Assespro-RJ,[1] ajudando empresas de TI do Rio de Janeiro a captar financiamentos da FINEP e BNDES?"

A simples oferta de emprego teve um elemento-chave na proposta: "Você pode ser contratado como CLT ou como PJ e receber mais." Não pensei duas vezes, topei a oferta de emprego e abri minha empresa no mês seguinte.

Ter um CNPJ foi meu motivo para empreender de verdade. Não era mais uma mera ideia, um simples projeto no papel. Uma nova entidade jurídica tinha nascido, e eu podia usar isso a meu favor.

Cerca de dois meses depois de começar em meu novo emprego e ter minha empresa formalizada, apareceu a primeira oportunidade de negócio. Minha amiga de faculdade, a Juliana, me pediu a indicação de uma empresa de consultoria para ajudar seu marido. Ele tinha uma empresa familiar, gerida de forma empírica, e estava passando por dificuldades. "Eu posso ajudar", respondi imediatamente.

Meu primeiro projeto foi um sucesso. Meu cliente satisfeito me indicou para outros clientes. Em pouco tempo, eu tinha uma clientela que me permitia dar meu próximo passo. Foram quase dois anos prestando consultoria em paralelo ao meu emprego na Assespro-RJ, até que resolvi ser empreendedor em tempo integral.

Abandonei a estabilidade do emprego e, coincidentemente, encontrei um apartamento ideal para alugar e morar sozinho. Ou seja, eu abandonava minha renda garantida e aumentava meus custos fixos.

Feliz da vida, fui em frente, investi na compra de móveis e tudo mais de que um apartamento precisa para ser montado. Afinal, eu estava tranquilo, tinha R$50 mil guardados, aplicados na bolsa de valores. Cem por

---

[1] Associação de Empresas de Tecnologia da Informação do Rio de Janeiro.

cento em ações. Coisa de gente de vinte e poucos anos com excesso de confiança, sabe?

Era julho de 2008 quando me mudei para meu novo apartamento e criei meu home office. A vida era linda.

Acontece que, em pouco menos de dois meses, a bolsa perdeu 60% de seu valor. A crise das hipotecas norte-americanas, o tal do "subprime", havia estourado.

Mas não bastava investir em ações. Eu operava alavancado. Fazia operações a termo, e a queda brusca da bolsa fez todo meu dinheiro virar pó. Por pouco não se tornou uma grande dívida.

Quem diria que depois de inúmeros anos subindo sem parar, a bolsa brasileira perderia mais da metade de seu valor em tão pouco tempo? Nenhum analista financeiro. Muito menos eu, é claro.

Após umas três noites sem dormir, com uma dor de cabeça horrível, a ficha caiu: eu poderia ter de procurar emprego novamente, devolver o apartamento e voltar a morar com meus pais. Mas eu não morreria por causa disso. Eu estava muito bem de saúde. Na noite em que me toquei disso, dormi igual a uma criança.

No dia seguinte, fiz uma lista de todos os potenciais clientes que eu poderia prospectar, listei clientes atuais que tinham potencial para aumentar o valor do contrato e fui à luta. Minha meta era sobreviver a 2009, com a economia em crise, e dar a volta por cima em 2010.

Mas o curioso é que eu não apenas sobrevivi a 2009. Eu vivi um dos melhores anos de minha vida até hoje. Quando olho para trás, fica muito claro para mim o motivo: eu tinha tempo livre de sobra.

Eu tinha um total de seis clientes que me pagavam um valor de R$2 mil mensais para ter encontros semanais de duas horas comigo. Ou seja, eu ganhava R$12 mil, dos quais R$8 mil eram lucro. Uma excelente renda em 2008, diga-se de passagem. Ainda mais para apenas doze horas de trabalho por semana.

Minha preocupação não estava em ganhar mais clientes. Até porque o mercado não estava favorável. Eu queria era não perder os que já tinha.

Minha rotina era basicamente acordar, ir correr no Aterro do Flamengo, tomar café, banho e ter uma ou duas reuniões no dia. Na maioria dos dias, eu só tinha uma reunião, e às vezes ela era desmarcada pelo cliente, e eu tinha o dia inteiro livre.

O resto do dia eu fazia o que eu queria. Dormia de tarde, ia ler um livro no parque, fazia um curso online, assistia um filme, dava um pulo na praia, ia encontrar algum amigo que estava de férias, ia tomar um café com meus avós. Não importa. Eu tinha tempo livre à vontade.

Mas eu não me toquei disso na época. Não me toquei que eu tinha uma vida espetacular. Como pode? Ainda me pergunto até hoje.

›› A BUSCA POR OBJETIVOS VAZIOS

Demorou muitos anos para eu perceber que, na maior parte de minha vida, fui atrás de objetivos vazios.

Como sei disso? Existe uma forma simples de saber. Toda vez que você atinge um objetivo vazio, você não se sente diferente de como se sentia antes. O prazer da conquista do objetivo é curto e passageiro.

Tom Shadyac, diretor de filmes de comédia como *Ace Ventura*, *O Professor Aloprado* e *Patch Adams*, conta em seu documentário *I Am* como, depois de ficar rico e comprar uma mansão em Los Angeles, não sentiu nada diferente.

Graças a uma forte concussão cerebral, Shadyac se viu entre a vida e a morte e resolveu questionar o quanto a fama e o dinheiro tinham qualquer relação com a felicidade.

Por muitos anos, meus objetivos foram determinados com base na quantidade de dinheiro que eu ganhava. Esse era meu grande indicador de sucesso. Tanto que eu perguntava a amigos e conhecidos quanto eles ganhavam e usava essa métrica para saber o quão bem eu estava posicionado nessa corrida sem fim. Isso nunca me levou a lugar algum.

Sempre enxergamos que, ao atingir o próximo objetivo almejado, poderemos focar no presente e parar de nos preocupar com o futuro. Mas a verdade é que isso não acontece.

A única coisa que aconteceu comigo foi manter a incessante busca do próximo objetivo vazio e me manter nesse ciclo incessante.

As pessoas tendem a pensar que sacrifícios para atingir seus objetivos são válidos, como trabalhar longas horas, abrir mão de tempo com amigos e família etc., pois serão recompensados no dia em que um certo objetivo final for conquistado.

A aposentadoria é o grande exemplo disso. As pessoas organizam a vida, doam a alma à ralação diária e abrem mão de coisas que elas desejam em busca da grande recompensa no final da vida. E vou admitir: também fui atraído por isso em certo momento.

Foi o que fez com que os anos seguintes a 2009 fossem muito piores em termos de satisfação e qualidade de vida. Fui em busca de objetivos que não me deixaram mais feliz, pelo contrário.

Nunca pensei na tal aposentadoria, mas pensei em atingir a liberdade financeira algum dia vendendo uma de minhas empresas por alguns milhões. Fui em busca da tal da recompensa futura, aceitando me ferrar no presente.

Seja lá qual o conceito de aposentadoria — INSS, aposentadoria privada, venda de um negócio, ganhar uma bolada na bolsa de valores —, a fórmula é a mesma: se ferrar no presente para (talvez) ser feliz no futuro.

Eu pensava que no dia em que eu me tornasse livre financeiramente, eu teria chegado lá. Mas chegar aonde? Em um lugar onde eu pararia de evoluir? Qual o sentido disso?

O seguinte dilema acontece com a maioria das pessoas quando se aposentam: agora que você tem tempo livre, como você gostaria de usá-lo para ser feliz? A maioria não sabe a resposta. Muitos morrem precocemente tentando encontrá-la. Afinal, elas estiveram ocupadas demais a vida inteiras tentando chegar à aposentadoria.

O que teriam perdido se tivessem priorizado tempo livre durante a vida e não ao fim dela? Se tivessem vivido a vida ao longo dos anos e não somente na terceira idade?

≫ A FELICIDADE ESTÁ NO CAMINHO

Eu, pessoalmente, quero investir esse tempo me tornando uma versão melhor de mim mesmo. O objetivo não deveria ser atingir status ou riqueza, mas progredir como ser humano.

Em seu livro *Projeto Felicidade*, Gretchen Rubin, resolve ir em busca do que é felicidade. Depois de muita pesquisa e inúmeros textos científicos, onde ela chegou a encontrar cinco definições diferentes para o termo "felicidade", Gretchen decidiu que, em vez de gastar muito tempo debatendo as várias terminologias, sua pesquisa focaria no que nos torna mais felizes. Deveria focar em responder à pergunta: você e eu podemos ser mais felizes?

Desta forma, posso ter minha própria definição de felicidade, e você pode ter sua definição de felicidade. Portanto, Gretchen decidiu que, em vez de tentar responder "o que é felicidade", ela tentaria responder "Quais são os elementos de uma vida feliz?"

Foi assim que ela chegou à sua fórmula: "Para ser mais feliz, pense no que lhe faz se sentir bem, se sentir mal e se sentir satisfeito, em uma atmosfera de crescimento."

Portanto, aplicando sua fórmula, eu diria que "felicidade" é uma vida em que você:

» *Trabalhe para ter muitas oportunidades de se sentir bem:* de se divertir, de sentir amor, de aprender sobre coisas que lhe interessam, de sentir prazer sensual, de ver amigos e familiares, de se conectar com outras pessoas, de prestar serviço aos outros, de ter energia, sentir controle etc. (Afeto positivo)

» *Trabalhe para eliminar as fontes de sentimento ruim:* casos em que você sente raiva, ressentimento, irritação, culpa, ansiedade, tédio, ressentimentos, inutilidade, desordem, exasperação, frustração, fracasso, etc. (Afeto negativo)

» *Trabalhe para se sentir bem em relação à sua vida:* tome medidas para viver o tipo de vida que você sente que "deveria" levar em termos de emprego, família, localização, serviço etc. (Satisfação da vida)

» *Trabalhe para incluir um aspecto de crescimento em sua vida:* um senso de progresso, abundância crescente, potencial, oportunidade, aprendizado, domínio, responsabilidade. (Evolução)

Observe a repetição da palavra "trabalho". A felicidade não é um estado passivo que desce sobre você como uma nuvem dourada quando tudo dá certo. É um esforço contínuo.

❯❯ SEJA UM SEMIAPOSENTADO

Trabalhar para ganhar dinheiro é ótimo. Mas, para ser mais feliz, acredito que o caminho deva ser percorrido investindo meu tempo em coisas que o dinheiro não compra. Por isso, considero que não posso ser escravo nem do dinheiro e nem do trabalho.

Digo que meu modelo de vida ideal é uma espécie de semiaposentadoria. Deveríamos ser capazes de curtir o trabalho a vida inteira, bem como ter tempo livre para curtir as diferentes fases e idades que a vida nos proporciona. Trabalhar muito e um dia largar isso de vez só para curtir a vida aos sessenta e muitos anos é uma ideia muito louca.

Portanto, pare de pensar que seu diploma, sua empresa ou o tamanho de sua conta bancária poderá te libertar no futuro. O verdadeiro caminho para a liberdade é estar feliz com a forma como você investe seu tempo livre ao longo de sua vida. O equilíbrio entre o "ter dinheiro" e o "ter tempo".

A dificuldade é que nos foi ensinado que dinheiro é o salvador, quase que uma espécie de Deus do mundo atual. Dinheiro poderia comprar uma viagem relaxante durante algum feriado, ou um carro melhor ou uma casa mais espaçosa para poder compensar todo o estresse, o tempo longe da família e a saúde que perdemos trabalhando demais. É isso que a gente aprende direta ou indiretamente na sociedade moderna.

Veja bem, gosto de ganhar dinheiro. Mas não gosto dele isoladamente. Não gosto dele como justificativa para toda uma vida entregue ao trabalho para ganhar mais dele. Não gosto dele como o único grande objetivo profissional.

Fui atrás de mais dinheiro nos anos seguintes a um dos melhores anos de minha vida. E tomei decisões erradas inúmeras vezes, sem pensar em quanto tempo aquilo me consumiria e em quanto ir atrás de mais dinheiro me tornaria miserável.

Demorou alguns anos para eu entender que o maior objetivo do dinheiro deveria ser permitir comprar meu tempo de volta. Permitir ter mais tardes livres, mais tempo com a família, mais liberdade.

Ter mais tempo para escrever, ler, brincar com seus filhos, assistir um filme no cinema no meio da tarde, dar uma volta na praia naquele dia de céu azul. Isso é muito mais valioso do que muitas das compras que você poderia fazer. Nenhum bem material compensa a falta disso.

Mas eu também não quero não trabalhar. O trabalho me desafia, me ajuda a evoluir, me ensina. Portanto, busco tempo livre, mas sempre em equilíbrio com o trabalho. Não com a ausência dele. Um semiaposentado, como eu disse.

No mundo ideal, todos conseguiríamos pensar no trabalho como forma de comprar tempo e gastar dinheiro nas coisas que importam. O trabalho não deveria ser pensado exclusivamente como forma de fazer dinheiro.

Essa pequena mudança na forma de pensar faz com que a gente pense em ganhar dinheiro e gastá-lo de forma diferente. Você já pensou que um carro de R$60 mil talvez signifique poder ficar um ano inteiro sem trabalhar?

Você prefere comprar um grande volume de ferro e plástico sobre quatro rodas que você usará poucas horas de seu dia ou comprar de volta o equivalente a um ano inteiro de tempo livre para fazer o que você gosta?

É preciso ser obsessivo com a pergunta: como eu compro mais tempo?

Novamente, tempo não lhe ajudará apenas a curtir mais a vida, ele lhe permitirá trabalhar melhor também. Tempo livre e trabalho é uma relação ganha-ganha.

Um recente experimento realizado pela Microsoft do Japão fez bastante barulho na mídia: durante um mês, reduziram a jornada semanal de seus 2,3 mil funcionários para apenas quatro dias.

O teste, conduzido em agosto, queria analisar os efeitos dessa mudança na produtividade e nos custos da empresa. O resultado: a produtividade aumentou quase 40%, medida pelas vendas por funcionário, ao mesmo tempo em que os custos fixos despencaram. A eletricidade, por exemplo, caiu 23% no período, na comparação anual, enquanto os gastos com impressões de papéis caíram mais de 58%, segundo a CNBC.[2]

Recentemente, diversos estudos e experimentos têm surgido nesse sentido. Em 2019, a Perpetual Guardian, uma pequena empresa da Nova Zelândia, fez um teste semelhante ao da Microsoft e chegou aos

---

2 https://www.cnbc.com/2019/11/04/microsoft-japan-4-day-work-week-experiment-sees-productivity-jump-40percent.html

mesmos resultados: houve aumento na produtividade, redução no nível de estresse e melhora da qualidade de vida dos funcionários, que conseguiram equilibrar melhor a vida profissional e pessoal.

A notícia com certeza abriu um sorriso no rosto de muitos funcionários, mas não na cara da maioria dos empreendedores. Muitos devem ter lido isso com ar de desconfiança, ao invés de perceberem que existe aí uma oportunidade para que eles também sejam mais felizes e tenham mais tempo para si mesmos.

Guarde bem isso, pois essa é a essência deste livro, e voltaremos algumas vezes a esse assunto: "Capture mais valor para poder capturar mais tempo."

›› CRIAR UMA EMPRESA AUTOMÁTICA É TRABALHOSO

Para se tornar escalável, é necessário fazer coisas que não são escaláveis, já dizia Paul Graham, fundador da Y Combinator, a aceleradora de startups de maior sucesso no mundo. Em outras palavras, criar um negócio automático não é uma tarefa automatizável. É um trabalho manual.

Graham diz que a coisa mais comum não escalável que empreendedores devem fazer no início é realizar manualmente tarefas importantes para o sucesso de uma startup, como recrutar seus primeiros usuários manualmente. Ou fazer como Brian Chesky, fundador do Airbnb, que foi de apartamento em apartamento tirar fotos profissionais para sua recém-lançada plataforma de aluguéis de temporada.

Montar um modelo de negócio automático exige um grande trabalho inicial de configuração. Ele pode ser feito gradativamente, como eu fiz em minhas empresas, e terá uma certa dose de adaptações e tentativa e erro.

Você terá de pensar, desenhar e tirar da inércia estratégias para seu modelo de negócio. Terá de escolher, testar, implementar e afinar softwares de automação. Terá de procurar, selecionar, alinhar as expectativas e afinar a qualidade do trabalho final com empresas ou freelancers para quem você terceirizará suas atividades. Dará um bom trabalho.

Ao longo deste livro, darei o máximo de dicas e recomendarei as melhores opções para você evitar alguns percalços. O que posso lhe garantir é que, uma vez que tudo estiver em seu devido lugar, você conseguirá administrar sua empresa com poucas horas de seu dia. Talvez tão poucas, que dará tempo de criar e tocar outro negócio. E depois outro. E outro. Até onde você achar que é saudável para sua vida.

Eu, por exemplo, tenho três e acho que é o balanço suficiente entre renda e horas de trabalho. Uma delas é uma pequena agência de e-commerce e surgiu de uma oportunidade de fácil execução que não tomaria muito o meu tempo e poderia dar bom retorno. É o que chamo de *low hanging fruit*. Sabe aquela fruta madura que está ali na árvore bem ao seu alcance, não é preciso nem se esticar para pegá-la e comê-la? Então, essa mesma.

Eu tinha mais de oito anos de experiência com o e-commerce da LUZ, dominava boa parte das ferramentas que automatizam 90% do trabalho e tinha uma rede de freelancers confiáveis, construída ao longo de todo esse tempo. Ao mesmo tempo, tinha um monte de empreendedores de sucesso ao meu redor se ferrando com agências de website que faziam trabalhos ruins, pedindo pelo amor de Deus para eu os salvar. E eles toparam pagar. E bem.

Foi muito simples oferecer um serviço de qualidade com boa lucratividade. Todos os clientes me tomam, juntos, cerca de duas horas semanais. Sim, não trabalho mais do que duas horas por semana (ou oito horas por mês) nesse negócio. Tenho três clientes e estou satisfeito com isso. Sem pressa para ir atrás de mais clientes, pois foi o quanto achei que podia pegar de forma saudável.

O ponto que gostaria de destacar é que eu não enxerguei apenas uma oportunidade de mercado, enxerguei uma oportunidade de operação alinhada com meus valores de tempo e liberdade. Vi que seria possível montar um negócio em que eu poderia automatizar ou terceirizar a maior parte da operação. Em outras palavras, enxerguei renda com poucas horas de dedicação.

Durante muitos anos, meus olhos empreendedores apenas enxergavam o potencial de faturamento que um novo negócio poderia gerar. Eu não pensava na complexidade operacional dele. Isso eu geralmente descobri me ferrando depois.

Hoje, minha visão inverteu. Olho para o quanto um negócio será fácil de tirar do papel e gerir. Talvez ele lucre apenas R$4 mil por mês. Isso significa que ele é um bom ou mau negócio? A resposta é simples. Se ele me tomar 172 horas por mês (ou 8 horas por dia útil), ele é um negócio ruim. Mas se ele me tomar apenas 4 horas por mês, é um negócio sensacional.

Só não ache você que existe negócio pronto, que se cria apertando o *play*. Para tirar um avião do chão é necessário maestria do piloto. Mas depois que ele atinge a altitude de cruzeiro, é só ligar o piloto automático e acompanhar pelos instrumentos de navegação. Se você tiver um avião com as tecnologias e a equipe certa, nos lugares certos, é claro.

Já se foi o tempo em que cockpits e pilotos automáticos eram tecnologias restritas a veículos milionários como aviões e transatlânticos. Hoje, as tecnologias de automação já estão presentes em carros com valores cada vez mais acessíveis e também já chegaram às pequenas empresas. E, acredite, estão disponíveis para você também.

E para tudo aquilo que não se pode automatizar (ainda), será possível terceirizar. Pilotos também contam com aeromoças e comissários de bordo, não é mesmo?

Com um modelo de negócio estruturado e rodando bem, tudo funcionará no piloto automático, e você precisará apenas monitorar os indicadores para realizar pequenas correções e melhorias. Ou atuar naquilo em que mais tem prazer, como atendimento a clientes. Ou na logística. Você poderá escolher à vontade.

Invisto meu tempo em pensar na mecânica de automatização. Invisto meu tempo em estruturar e colocar em prática terceirizações. É um tempo bem investido, pois ele um dia me pagará de volta com mais tempo livre para viver a vida.

›› FOQUE A MÁGICA

Sabe o que não é possível automatizar ou terceirizar? A mágica. O que faz você e sua empresa serem únicos. A visão, a criatividade, a inovação, os diferenciais, todos aqueles pequenos detalhes que destacam você da multidão.

Só você é capaz de fazer certos trabalhos, essa é a parte à qual vale a pena se dedicar. Ainda não inventaram robôs para automatizar isso. Esse tipo de trabalho não é terceirizável.

Paulo Niemeyer Filho é um dos mais famosos e respeitados neurocirurgiões do mundo. Referência no Brasil para operações que exigem muita técnica e concentração, ele não passa as quatro horas de uma cirurgia dentro da sala de operações. Paulo tem uma equipe de médicos e assistentes que fazem todo o trabalho pré-operatório e pós-operatório. Antes de ele entrar em cena, sua equipe prepara o paciente e os equipamentos, realiza a sedação e até mesmo a abertura do crânio, deixando tudo pronto para que ele faça apenas a parte crítica. Em uma operação de quatro horas, ele atua apenas durante quinze minutos, e esses quinze minutos valem centenas de milhares de reais. Por quê? Por causa da mágica.

Só faz mágica quem investiu tempo para desenvolvê-la. Tempo livre é também tempo de estudar, ler um novo livro, fazer um curso, ir a um evento, trocar uma ideia com aquele seu amigo bem-sucedido em outra área, ir à casa dos seus avós escutar o que só a sabedoria dos mais velhos pode lhe ensinar.

Só faz mágica quem tem tempo livre para esvaziar a cabeça. Quem pode ir à praia surfar, pode andar de bicicleta no parque, pode ir à academia, nadar. Quem tem tempo para preparar suas próprias refeições, praticar um hobby ou algum tipo de trabalho manual, talvez pintar, fabricar os móveis do quarto de seu filho (como eu fiz para o meu). Criar memórias para uma vida inteira. Só faz mágica quem tem tempo.

Na sociedade moderna, nosso tempo costuma ser medido em horas. Eu já as citei aqui, não é? Vinte e quatro horas por dia, oito horas de jornada de trabalho, oito horas de sono, duas horas de deslocamento etc. Você já parou para pensar quanto vale sua hora?

Esse é um cálculo mais difícil do que parece. Talvez digam que basta você pensar em quanto quer ganhar e depois dividir isso por 176 (= 22 dias úteis x 8 horas diárias de trabalho). Mas será que é só isso mesmo?

Em empresas com modelos de negócios mal estruturados (pouco automatizados), nem sempre se trabalha somente oito horas. Talvez você trabalhe doze horas ou mais. Talvez aquele fim de ano apertado para pagar o 13º de seus inúmeros funcionários tenha tornado o ritmo de trabalho ainda mais puxado, e você perdeu a apresentação de fim de ano de sua filha na escola. Quanto lhe custou isso? Tem preço?

A verdade é que o tempo tem um valor incalculável e que só aumenta à medida que envelhecemos. O tempo passará cada vez mais rápido.

Por isso, digo que é preciso saber se retirar da equação. Simples assim. Para criar empresas com modelos de negócios automáticos, você precisa se retirar da equação. Da equação operacional.

Por mais que seja fundamental se manter próximo dos clientes e colocar a "barriga no balcão" — como escutei uma vez de um dono de padaria —, você precisa aprender a delegar aquilo que não exige sua mágica.

Lembra-se do exemplo da empresa que lucra R$4 mil? Se você trabalha nela 8 horas por dia, ou 176 horas por mês, ela paga um pouco mais de 22 reais por hora. Mas se você trabalha nela apenas 4 horas por mês, ela paga R$1 mil por hora. Percebeu a diferença?

Empresas que tomam poucas horas de seus donos só existem para quem abre mão do microgerenciamento. Só existe se você não pagar boletos manualmente, se não fizer tarefas repetitivas, se não exigir ser copiado em todos os e-mails que seus funcionários mandam. É preciso se desprender.

Sem essa capacidade de desprendimento, não adianta de nada seguir lendo este livro. Sem essa capacidade, você nunca conseguirá captar mais tempo. E se for para tranquilizá-lo, afirmo que não é preciso ter medo de deixar de ser útil para sua empresa. Basta você entender que seu papel não deve ser o de um superfuncionário. Seu papel não é ser os braços e as pernas de sua empresa. Seu papel é ser o cérebro dela.

›› SEU PAPEL COMO FUNDADOR

Quando meu filho Vicente nasceu, assumi a missão de garantir que ele cresceria saudável nos primeiros anos de sua vida. É claro que existe toda uma série de preocupações adjacentes, como dormir, fazer as necessidades fisiológicas etc., mas o principal indicador de sucesso de um bebê para os pais é o ganho de peso, o aumento da estatura e da circunferência da cabeça. É isso o que o pediatra mede nas consultas. É por isso que ele lhe parabeniza.

Da mesma forma, quando criei minha primeira empresa, eu também olhava para o crescimento dela como um indicador de sucesso. O aumento das vendas, do número de funcionários, do tamanho do escritório etc. parecia me demonstrar o verdadeiro caminho do sucesso. Acontece que não é bem assim, nem com nossos filhos e nem com nossas empresas.

À medida que seu filho cresce, você entende que ganhar peso é uma parte pequena do todo — tem um peso maior no início da vida e depois vai deixando de ser o principal indicador. Com o passar dos anos, uma criança passa a ter de desenvolver a fala, a capacidade motora, a entender e saber expressar seus sentimentos, a compreender o mundo ao seu redor, se relacionar com ele, etc. É uma jornada que parece não ter fim.

O mesmo é válido para uma empresa. Seu crescimento deveria deixar de ser o principal indicador de sucesso com o passar dos anos. Uma empresa não existe com o único objetivo de crescer seus indicadores de desempenho. Ela existe para ser uma entidade saudável, capaz de criar, entregar e capturar valor (e tempo).

Algo que aprendi sobre ser um bom pai, seja de uma criança ou de uma empresa, é que, para resolver os desafios dessa jornada, é preciso saber fazer as perguntas certas. Eugène Ionesco, famoso autor romeno, disse uma vez: *"Não é a resposta que esclarece, mas a pergunta."*[3]

Quando me vi precisando trabalhar menos para recuperar minha sanidade mental, eu soube que precisaria me tornar um empreendedor mais eficiente. Eu não queria produzir mais e mais, virar uma máquina de produtividade no melhor estilo Get Things Done (GTD).[4] Na minha visão, eficiência é ser produtivo com menos esforço. É ter mais tempo livre e fazer mais com menos.

Para melhorar minha eficiência, tive de questionar como eu trabalhava. Não se aprende a menos que se questione. Fazer as perguntas certas pode ser uma maneira extremamente poderosa de dar grandes saltos e alcançar seus objetivos. É a melhor maneira de continuar melhorando.

Você deve continuar executando aquela tarefa que lhe toma cinco horas toda semana? Ou deve automatizá-la, delegá-la ou simplesmente parar de executá-la? Muitas coisas que fazemos podem ser melhoradas se questionarmos o tempo e a energia que gastamos nelas.

Perguntas melhores podem ajudá-lo a distribuir seu tempo e sua energia em tarefas importantes no momento certo. Por exemplo:

>> Quais tarefas repetitivas podem ser automatizadas?
>> Quais tarefas alguém mais especializado pode realizar melhor do que eu?

---

3 https://www.goodreads.com/quotes/31175-it-is-not-the-answer-that-enlightens-but-the-question

4 Get Things Done é uma metodologia de produtividade criada por David Allen e popularizada pelo seu livro *A Arte de Fazer Acontecer*.

» Quais tarefas sugam minha energia?
» Quais tarefas me dão energia?

Os melhores hacks de produtividade estão nas perguntas que você ainda não se fez. Perguntas esclarecedoras podem ajudá-lo a encontrar uma perspectiva ou ângulo diferente sobre um problema ou uma visão inovadora da próxima etapa que você precisa executar para atingir seus objetivos.

Peter Drucker diz em seu livro *O Gestor Eficaz* que o fundador deve constantemente se perguntar: "como posso ser útil à minha empresa?"

As perguntas acionam ideias, soluções e resultados. Empreendedores de sucesso são feras em fazer perguntas que desafiam suas rotinas e práticas de trabalho. Eles são incrivelmente bons em fazer perguntas.

No livro *Uma Pergunta Mais Bonita*: As perguntas dos criadores de Airbnb, Netflix e Google,[5] Warren Berger enfatiza a importância de fazer "boas perguntas" reflexivas e ambiciosas para gerar ideias e soluções inovadoras. Ele compartilha como o questionamento pode nos ajudar a resolver problemas e enfrentar complicados desafios em nossa vida diária. "As perguntas desafiam a autoridade e interrompem estruturas, processos e sistemas estabelecidos, forçando as pessoas a ter que pelo menos pensar em fazer algo diferente", ele escreve.

O meu primeiro passo nessa jornada começou com uma simples pergunta: "Como posso gerar receita sem depender menos de minhas horas?" Foi o que me fez transformar uma empresa de consultoria em uma empresa de software/e-commerce de planilhas. Tudo começou com uma simples pergunta.

Se você deseja ser um empreendedor melhor, concentre-se em ser um questionador melhor. Use a abordagem de questionamento para eliminar tarefas desnecessárias, otimizar seu processo de produtividade e automatizar algumas de suas tarefas.

Não há respostas certas, mas com certeza existem perguntas melhores. Mantenha-se no caminho da investigação para obter uma resposta mais convincente para seus problemas. São as perguntas que o levarão adiante

---

[5] https://www.amazon.com.br/Uma-Pergunta-mais-Bonita-perguntas/dp/8576572982/

como fundador. São elas que lhe permitirão encontrar a forma certa de automatizar seu negócio e capturar mais tempo para você.

Eu já disse que você deve focar a mágica, mas você só será capaz de focá-la se se perguntar "como eu posso tornar minha empresa menos dependente de mim?"

É a mesma pergunta que me faço todos os dias quanto ao meu papel de pai. Como criar filhos independentes, autônomos, capazes de serem fortes para lidar com seus desafios por conta própria e passar pelos desafios da vida com força e resiliência? É também assim que temos que criar filhos e empresas.

Esse é o mindset que quero transmitir para você na criação de seu modelo de negócio. E não é fácil, pois uma empresa é como um filho. Você, no fundo, não quer que ela se desprenda de você. Seu instinto paternal quer que você seja o protetor, mantendo-a debaixo de suas asas, centralizando todas as decisões, e assim por diante.

Você precisa se desprender. Largar o osso. Tanto de sua empresa quanto de seu filho, para que eles aprendam a dar seus próprios passos. E para você relaxar, ter tempo para você mesmo ou outras prioridades em sua vida.

Certa vez, escutei uma analogia em uma palestra da qual nunca mais me esqueci. A palestrante, em determinado momento, pegou um copo de água que estava em sua frente e disse o seguinte: "O estresse é como esse copo de água aqui. Se eu levantá-lo por alguns minutos e colocá-lo de volta na mesa, não será um grande esforço. Mas se eu levantá-lo e segurá-lo por muitas horas, meu braço vai cansar. Se eu segurá-lo por muitos dias, uma hora vou ter câimbras e provavelmente não vá aguentar até meus músculos do braço se esgotarem. O estresse é a mesma coisa. Ele não é ruim, mas se não o deixarmos ir de vez em quando e descansarmos, teremos sérios problemas."

Você precisa disso em sua vida. Em seu papel como pai. Em seu papel como fundador. E para que isso seja possível, é preciso ter em mente que você deve liderar sua empresa para que ela gere horas livres para você.

》 TOME UMA DECISÃO QUE EVITE OUTRAS MIL DECISÕES FUTURAS

A pergunta certa poderá lhe ajudar a tomar uma decisão que evitará outros milhões de decisões.

Até o ano 2000, nas Olimpíadas de Sydney, o time britânico de remo não tinha uma reputação muito boa. Seus últimos resultados tinham sido muito fracos.

Eles ficaram em 8º lugar na competição de remo masculina para times de oito remadores nas Olimpíadas de Atlanta, em 1996. Dois anos depois, no Campeonato Mundial, ficaram em 7º lugar.

Eram considerados um time fraco, e muitos comentaristas esportivos acreditavam que eles não conseguiriam se classificar para os Jogos Olímpicos de Sydney.

Porém, nos bastidores, eles estavam se reinventado com uma estratégia simples: decidiram tomar uma decisão que evitava outras mil decisões futuras.

Antes de fazer qualquer coisa, eles se faziam uma simples pergunta: "Isso vai fazer o barco ir mais rápido?"

Se sim, eles faziam. Se não, eles não faziam.

A vida deles passou a girar em torno de uma única coisa: fazer o barco ir mais rápido. Como resultado, a performance deles disparou. E, como resultado, eles ganharam a medalha de ouro em Sydney.

Isso pode parecer algo óbvio para muitos de nós, mas a verdade é que não pensamos dessa forma. Tomamos inúmeras decisões todos os dias sem foco no nosso grande objetivo.

Mas como podemos remover todos os conflitos e tomar uma única decisão que eliminará mil outras decisões e nos fará agir em constante alinhamento com nosso objetivo mais profundo?

Você precisa começar decidindo o que você quer, qual é seu grande objetivo.

Greg McKeown, autor do livro *Essencialismo*, diz que: *"Uma escolha estratégica elimina um universo de outras opções e mapeia um caminho a ser seguido nos próximos cinco, dez ou até mesmo vinte anos da sua vida. Uma vez que uma grande decisão é feita, todas as decisões subsequentes ficam mais claras."*

Foi assim que comecei minha jornada da empresa automática. Depois do episódio da síndrome do pânico e ao lembrar da minha infância e da vida profissional de meus pais, passei a me perguntar: "Isso vai comprar o meu tempo de volta?"

Comprar meu tempo de volta é o equivalente a gerar renda e liberar meu tempo, em conjunto. Uso parte da renda para comprar meu tempo de volta e uso o restante para viver uma vida de qualidade. Eu não queria me matar de trabalhar e ficar milionário, mas não ter tempo para curtir minha vida e minha família.

Sua pergunta poderá ser aperfeiçoada com o tempo também. Eu comecei me perguntado sobre como "ter um modelo de negócio mais escalável?" e fui evoluindo para "como ter um modelo de negócio automático?", que acabou culminando em "como comprar meu tempo e minha liberdade de volta?"

O autor Ryan Holiday diz em seu livro *A Quietude É a Chave* que acha uma ironia fundamental da vida o fato de a maioria das pessoas não saber direito o que quer de sua vida, apesar de não estar sem fazer nada.

Acreditamos, no mundo de hoje, que o sucesso é ter cada vez mais responsabilidades e ter mais e mais projetos em seu prato. Pensamos que a vida é aproveitar todas as oportunidades, no entanto, o sucesso pode ser mais sobre saber para quais oportunidades você deve dizer não, para poder se concentrar naquela que está alinhada ao seu objetivo.

A vida da maioria das pessoas é como um barco sem capitão. Elas estão sendo levadas pela maré e não sabem direito para onde serão levadas. E são altamente influenciadas pelo turbilhão de influenciadores nas redes sociais. O problema disso é que elas são levadas nas mais diversas direções e acabarão em lugares em que não querem estar de verdade. Como Anthony Moore, famoso músico britânico, disse uma vez: "É muito difícil dizer não para uma oportunidade quando você não sabe para onde está indo."

Quando você não sabe para onde está indo, qualquer oportunidade pode parecer como algo que você não pode perder. Certas coisas podem se tornar urgentes ou importantes, e você acaba se desgastando e se estressando sem atingir os resultados que gostaria.

Quando você sabe exatamente o que quer, é fácil dizer não para certas oportunidades. Você se sentirá à vontade para deixar passar grandes oportunidades, porque perceberá que elas são apenas distrações para o seu grande objetivo.

Sei bem dessa realidade, pois já a vivi e conheço muitas outras pessoas que ainda vivem assim. Disse sim inúmeras vezes e me vi completamente sem norte. Dizer não foi difícil. Abandonei vários projetos, cotas em sociedades, oportunidades reais de dinheiro. Fiz isso tudo para poder me concentrar na única oportunidade capaz de me levar em direção ao meu grande objetivo.

Como Jim Collins escreveu em seu livro *Empresas Feitas para Vencer*, "Uma oportunidade única na vida é irrelevante se ela for a oportunidade errada".

≫ UM DIA IDEAL

Mas como dizer não se você não sabe o que quer? Como você sabe o que realmente quer para, assim, evitar as oportunidades erradas? Não é tão difícil quanto parece. Existe um exercício fácil de visualização para isso.

Imagine como é seu dia ideal. Seu objetivo principal deveria se resumir a poder viver uma vida recheada de dias ideais.

Para mim, meu dia ideal começa sem pressão, sem despertador, sem horas no trânsito, com bastante tempo dedicado à minha família e a mim mesmo. No meu dia ideal, como comida caseira, durmo de tarde se eu quiser, fico mais lento se for um dia chuvoso, saio para dar uma volta se for um dia de sol. Dou banho nos meus filhos e leio uma história para eles dormirem. Trabalho um pouco de manhã e de tarde. Aprendo alguma coisa nova. Faço algum tipo de trabalho manual. Tenho um momento a sós com minha esposa, seja para conversar só nós dois, seja para namorarmos. Durmo tranquilo. Vivo esse dia ideal em casa ou viajando.

Eu vivo esse dia ideal todos os dias? É claro que não. Mas posso vivê-los na maioria dos meus dias, e não somente aos finais de semana ou durante minhas férias.

E para você? Como é seu dia ideal? Se você não sabe como é um dia ideal para você, como tomará decisões ou fará planos que garantam que você vivencie dias ideais regularmente? É fundamental que você liste do que foram feitos os dias mais legais e satisfatórios de sua vida. O que você fez? Por que você gostou deles? Agora, certifique-se de que seu trabalho, sua vida pessoal e até mesmo onde você escolheu morar lhe ajudam a ter mais dias ideias como esse, e não menos.

Se você não quer um escritório, não tenha um. Minha empresa é 100% remota. Mas se você gosta de ser social e interagir presencialmente, provavelmente precisará de um local físico, com sua própria sala e equipe local. Se você é uma pessoa introvertida e gosta de silêncio, então precisa de um estilo de vida que lhe permita ficar quieto. E assim por diante. Só não crie um ambiente que lhe force a ser quem você não é.

Antes de me mudar para o Canadá, eu estava planejando ir morar em uma cidade menor na região serrana do Rio de Janeiro. Minha empresa já era remota, já consumia poucas horas de meu dia. Por qual motivo eu continuaria morando no Rio de Janeiro, uma cidade linda, mas com imóveis caros, com serviços caros, com trânsito, com violência? Não percebemos, mas a vida em cidades grandes nos estressa, nos consome. O Rio de Janeiro, na maior parte do tempo, me fazia ser quem eu não queria ser: alguém preocupado com o trânsito, com tiroteios e a segurança da minha família, com os aumentos de preço, com minha liberdade de ir e vir.

Quando você sabe o que quer, mesmo as pequenas coisas que antes passavam desapercebidas ficam mais claras e evidentes para você.

Clayton Christensen, famoso guru da inovação, diz que é muito mais fácil se manter fiel a seus princípios 100% do tempo do que apenas 98% do tempo. É mais fácil ser integralmente comprometido do que ser comprometido apenas uma parte. Por quê? Simplesmente porque, se você não estiver 100% certo, você ainda não se decidiu. Você ainda está emocionalmente inseguro. Você realmente não sabe o que quer.

Como resultado, sempre que surgir uma oportunidade conflitante ou tentadora, você terá de decidir ativamente o que fará; você precisará confiar na força de vontade para agir da maneira desejada. E como você provavelmente já aprendeu até agora, seja pelo meu relato ou pelas suas próprias experiências, força de vontade não é suficiente.

"Força de vontade não funciona", disse Benjamin P. Hardy.[6] "Se você levar a sério as mudanças que deseja fazer, a força de vontade não será suficiente. Muito pelo contrário. Força de vontade é o que está atrapalhando você." Chega dessa bobagem de força de vontade. Se você realmente deseja mudar sua vida, precisa mergulhar completamente e se comprometer 100%.

Eu sempre quis empreender para ter qualidade de vida, mas sempre me atrapalhei achando que tinha de aproveitar toda oportunidade que aparecia na minha frente. Que se eu me esforçasse, tivesse força de vontade, eu atingiria isso em algum momento. Eu ainda fraquejava quanto ao glamour

---

[6] https://www.amazon.com/Willpower-Doesnt-Work-Discover-Success-ebook/dp/B073P421QC

dos empreendedores de capa de revista, das startups vendidas por bilhões de dólares. Isso me levou à lona. Foi só ali que percebi que, até então, eu não tinha me decidido 100%.

A equipe de remo britânica conseguiu ir do 8º ao 1º lugar ao longo de quatro anos porque decidiu exatamente o que queria. Eles colocaram seu foco e sua energia em alcançar uma coisa: fazer o barco andar mais rápido. Eles pararam de se interessar e decidiram se comprometer totalmente. Eles abandonaram seu compromisso de 98% e se tornaram 100% comprometidos.

Qual é a única coisa que você precisa fazer para viver dias ideais? Que decisão removeria mil decisões posteriores?

Se seu objetivo, assim como o meu, é empreender para comprar seu tempo de volta, pense que essa decisão me levou a adotar duas estratégias: automatizar e terceirizar. Toda decisão que tomo precisa ser possível de automatizar ou terceirizar para máquinas ou humanos mais especializados do que eu. A mim só cabe a parte estratégica e criativa.

REFLEXÕES
DO CAPÍTULO 1

» A jornada de oito horas de trabalho não faz sentido.
» Ter tempo livre o transforma em uma pessoa melhor e mais feliz.
» Capture mais valor para poder capturar tempo.
» Tempo é mais valioso do que dinheiro.
» Empreenda para poder comprar seu tempo de volta.
» Não vá atrás de objetivos vazios.
» Abandone o sonho da aposentadoria.
» Não vale a pena se ferrar no presente para ser feliz no futuro.
» A felicidade está no caminho.
» Crie uma vida de semiaposentado.
» Automatizar é um trabalho não automatizável que envolve tentativa e erro.
» Foque a mágica.
» Se retire da equação operacional.
» Seu papel como empreendedor é fazer boas perguntas que o ajudem a se aproximar de seu principal objetivo de vida.
» Tome uma decisão que evite outras mil decisões futuras.
» Pense em como é seu dia ideal.

DIGITALIZE

"Quando a transformação digital é feita da maneira certa, é como uma lagarta se transformando em borboleta, mas quando feita da maneira errada, tudo o que você tem é uma lagarta muito rápida."
— George Westerman

Nasci no início da década de 1980 e faço parte da geração que viveu a hiperinflação no Brasil. Eu me lembro bem dessa época porque, entre outras coisas, o vendedor de balas que ficava na porta da minha escola aumentava o preço dos doces todos os dias.

Era uma época bizarra da economia brasileira que gerava hábitos de consumo estranhos para os dias atuais. Por exemplo, o fenômeno da "compra do mês" de supermercado. O dinheiro se desvalorizava a cada dia, forçando famílias a comprarem o consumo de um mês inteiro logo após o dia do recebimento de seus salários. Meus pais não eram diferentes, e eu e meu irmão íamos juntos a essa insana experiência com supermercados lotados e carrinhos transbordando de alimentos e itens de limpeza.

Eu me lembro que era um tanto quanto comum chegar no supermercado e os preços estarem sendo remarcados. Nessa época, "profissionais marcadores de preço" — sim, essa era uma profissão — empunhavam uma máquina carregada com um grande rolo de etiquetas autoadesivas, que colavam em cada produto para fazer a remarcação. Elas funcionavam como uma espécie de carimbo que adesiva um preço a cada batida que o marcador dava nos produtos, o mais rápido que fosse possível. Eram milhares de produtos que precisavam ser remarcados diariamente em todo o supermercado. Você pode imaginar que, em tempos de hiperinflação, os marcadores tinham sempre muito, mas muito trabalho para fazer.

Naquele tempo, o preço era analógico. O marcador era um ser humano, o papel era uma etiqueta em papel marcada mecanicamente, e o caixa tinha que digitá-lo em uma máquina mecânica que, por meio de engrenagens, realizava operações de soma e subtração. No final, um papel comprido apenas com números dava o total, e meu pai pagava com dinheiro ou cheque preenchido na frente, telefone e endereço atrás, carimbado pelo caixa, verificado pelo gerente etc., até sermos liberados para ir para casa. Era um processo longo e cansativo para todos os envolvidos.

Quando paro para pensar em todo o esforço, a quantidade de horas e as pessoas que faziam parte disso, só consigo pensar que essa lembrança faz parte de um período dos primórdios da vida humana na Terra. Mas não, foi mesmo na década de 1980, uns trinta e poucos anos atrás.

Mas essa "pré-história" durou pouco. Cerca de dez anos depois, nos anos 1990, com a chegada dos computadores pessoais, a tecnologia de processamento de dados reduziu de tamanho e ficou mais barata. Não só para pessoas, mas também para empresas.

O mundo analógico começou a ser digitalizado. Os caixas passaram a ser computadores com leitores a laser capazes de ler os preços em etiquetas com códigos de barras.

Foi uma revolução silenciosa, mas que reduziu drasticamente as filas do caixa, eliminou a remarcação de preços nos produtos — com uma bela ajuda do Plano Real, que acabou com a hiperinflação — e diminuiu o número de erros humanos.

Nos dias de hoje, já é possível encontrar supermercados com preços eletrônicos em pequenos displays de LCD que são atualizados com um único clique em um computador central e disparado para toda a rede de lojas. É o que acontece na rede de supermercados Hortifruti, no Rio de Janeiro. O preço da banana à tarde pode ser diferente do preço da manhã, não por causa da inflação, mas por causa do produto em estoque estar amadurecendo mais rápido do que o previsto devido ao aumento repentino da temperatura no meio da semana. Tempos modernos.

A verdade é que nem é preciso voltar tanto tempo assim. Em 2006, quando fui pela primeira vez para São Paulo a trabalho, época em que trabalhava na IBM, saí uma noite com um amigo de trabalho para um bar. Eu me lembro perfeitamente dele pegando o Guia Rex do porta-luva para descobrir como chegar ao lugar em que queríamos ir.

Para quem não sabe, o Guia Rex era um guia de ruas com mapas para te ajudar a encontrar endereços na cidade de São Paulo (e outras grandes capitais do Brasil). Era um livreto pesado, com milhares de páginas. Algo indispensável naquela época e hoje digitalizado por um aplicativo no seu celular chamado Waze.

Atualmente moro no Canadá e sempre uso o caixa de autoatendimento nos supermercados, tecnologia que está chegando ainda lentamente no Brasil. Também já não pego mais a nota fiscal em papel, pois a recebo no meu e-mail. Ao fazer o pagamento, sou automaticamente identificado, por causa do cartão de crédito que uso, tornando a posterior consulta muito mais fácil e prática.

Ao mesmo tempo, o supermercado coleta vasta quantidade de dados sobre o meu perfil de consumo, me enviando promoções mais bem direcionadas às minhas necessidades. O que muitos acham assustador, eu acho maravilhoso. Muito melhor do que o cenário da década de 1980. Se for para me servir melhor, não estou nem aí para minha privacidade quando se trata de meu comportamento de consumo. Quero mais que me entendam mais e melhor a cada dia. Ah, a modernidade! Sua linda!

▶▶ A INFORMAÇÃO JÁ EXISTIA, ELA SÓ FOI DIGITALIZADA

Supermercados já poderiam computar dados sobre o perfil de consumo de meus pais na década de 1980. Mas, em uma época em que a informação era analógica, isso era praticamente impossível, devido ao volume de trabalho. Exigiria milhares de pessoas para cadastrar e analisar dados em tabelas impressas em papéis ou calculadoras eletrônicas limitadas capazes de auxiliar no cruzamento de dados, digitar ofertas específicas e enviar impressos pelos correios. O ganho em vendas não conseguiria pagar o custo do trabalho adicional necessário.

O fato é que a maior parte da informação que usamos ou consumimos já existia há muito tempo. Ela só foi digitalizada e se tornou mais acessível por meio da internet e dos computadores pessoais. Por exemplo:

» Etiquetas de preços viraram códigos de barras.

» Mapas impressos viraram mapas digitais.

» Dados em tabelas viraram planilhas eletrônicas.

» Cartas viraram e-mails.

» Telegramas viraram mensagens de texto.

» Enciclopédia virou Wikipédia.

» Fotos reveladas viraram fotos digitais.

» Cursos em sala de aula viraram cursos online em vídeo.

» Livros viraram ebooks.

» VHS virou DVD, que virou streaming de vídeo.

» Discos viraram CDs, que viraram arquivos digitais, que viraram streaming de áudio.

A lista é extensa. Não há como negar que estamos no meio de uma revolução digital que está mudando rapidamente nossa sociedade e a economia. É fácil acreditar que os impactos na humanidade serão muito mais amplos do que os da Revolução Industrial.

A Amazon já lançou lojas em que você entra, é identificado na entrada pelo app em seu celular, pega o que quer e sai sem precisar passar no caixa para pagar. Tudo que você leva com você foi filmado e computado. Ao sair da loja, seu cartão de crédito cadastrado é cobrado sem você precisar fazer nada. É assustador, eu sei.

Na base de toda essa evolução está a digitalização das informações, ou a chamada transformação digital. E essa transformação se baseia no uso de **dados digitais no lugar de dados analógicos**.

O que começou como a "eliminação dos papéis" está rapidamente avançando para a eliminação das pessoas. A captação, o armazenamento e o processamento de dados em alta escala com menor custo nos desenha um futuro que alguns podem enxergar como trágico para a sociedade, gerando desemprego e um grande apocalipse econômico. Outros podem enxergar como uma grande oportunidade para deixar de fazer tarefas chatas e repetitivas e passar a ter mais tempo para fazerem o que quiserem. Pois é assim que eu enxergo. Dados digitais permitem automações, que possibilitam mais tempo livre para nós.

Mas a sociedade é apegada a velhos hábitos e costumes. Em alguns lugares, os argumentos são relacionados a manter o emprego dos menos favorecidos. Apesar de entender que certas sociedades exigem maior cuidado com as camadas mais baixas da população, acho inacreditável ainda termos empregos como ascensoristas de elevador. Pessoas que passam o dia em um cubo de metal com cerca de 1 ou 2 metros quadrados, subindo e descendo, apertando botões que as pessoas poderiam elas mesmas apertar. Acho incompreensível.

No Brasil, cerca de 2 milhões de caminhoneiros trabalham mais de 12 horas por dia, rodando às vezes 1,5 mil km em um único dia, tomando remédios para ficarem acordados e pondo em risco a vida de milhares de pessoas. Nos Estados Unidos e na Europa, já existem caminhões semiautônomos rodando nas estradas. Eles são capazes de reduzir drasticamente o estresse desses profissionais. E no dia em que forem 100% autônomos, essa tecnologia permitirá que seus donos fiquem em casa com sua família enquanto seus equipamentos fazem o trabalho por eles, escolhendo quais trabalhos pegar via alguns dos vários aplicativos de "uber para caminhoneiros" já existentes. Viu só como enxergo o lado positivo dessas mudanças tecnológicas?

Você pode enxergar a digitalização como uma ameaça ou uma oportunidade. A opção é sua. E como empreender é enxergar oportunidades, acredito que você também deve preferir enxergar como eu.

Para empreendedores, a realidade de empresas que rodam no automático já existe. **Mas só para aquelas que abandonaram o analógico e abraçaram o digital.**

Essa é uma transformação em que você deve mergulhar. É uma transformação que você pode e deve começar em si mesmo. Em sua vida pessoal, quero dizer.

Veja o simples exemplo de uma tecnologia que já existe há bastante tempo: o débito automático. Existe algo melhor do que saber que você não precisa se lembrar, na data de vencimento, de ter de ir ao banco ou entrar no seu internet banking e digitar um código de 48 dígitos? Essa é uma simples automação que seu banco oferece para você. De graça.

Meu pai até hoje paga suas contas manualmente, justificando que será roubado um dia por alguma empresa ou concessionária e não conseguirá seu dinheiro de volta. Se você é igual ao meu pai, deveria repensar o mundo de oportunidades que tem à sua frente.

Se você acha que pagar 10 contas na mão todos os meses (ou 36 contas ou 1.728 dígitos digitados manualmente por ano) compensa a chance de um erro na cobrança que acontece uma vez a cada 2 anos, a digitalização não será uma opção para você. E, sem ela, você não automatizará nada.

Como eu já disse, tempo é a coisa mais valiosa que nós temos. Tempo não se recupera. Seu filho nunca mais terá 5 anos, você nunca mais terá 30 anos de idade. Uma vez perdido, é para sempre. Incluindo o tempo que você gasta digitando códigos de barras todos os anos.

Quando pensamos na perda de tempo, pensamos nos grandes vilões, como o trânsito ou o excesso de reuniões. Mas não podemos deixar de lado os pequenos tomadores de tempo que, somados, podem ser muito maiores do que você pensa.

A tecnologia digital tem soluções para desafios grandes e pequenos. É claro que toda decisão de adoção e uso de tecnologia para livrar seu tempo está sujeita a riscos, mas eles são muito pequenos quando comparados aos benefícios gerados pelo tempo que você terá de volta para si mesmo.

≫ A PEQUENA EMPRESA DIGITAL JÁ EXISTE

A transformação digital está acontecendo, mas não da mesma forma ao redor do mundo. Segundo o Índice do Instituto de Digitalização Industrial da McKinsey, a Europa está atualmente operando a 12% de seu potencial digital, enquanto os Estados Unidos estão operando a 18%. A pesquisa mostrou que as empresas líderes na digitalização tiveram crescimento de EBITDA[1] três vezes maior nos últimos três anos, quando comparadas com seus pares menos digitalizados.

Existe uma enorme oportunidade de nascer ou se transformar em uma empresa mais competitiva do que seus concorrentes e se tornar menos estressado do que empreendedores ao seu redor.

---

1 EBITDA é a sigla em inglês para *Earnings before interest, taxes, depreciation and amortization*. Em português, "Lucros antes de juros, impostos, depreciação e amortização".

Digitalize

A digitalização permite que empresas sejam mais ágeis e eficientes devido à automação tecnológica. Não faz muito tempo, as empresas mantinham seus arquivos em papel, fossem eles escritos à mão ou digitados em máquinas de escrever. Tudo era registrado analogicamente. Se você queria encontrar e compartilhar alguma informação, precisava lidar com documentos físicos, pastas, arquivo morto, fotocópias etc.

Os computadores, então, se tornaram populares, devido à redução do seu tamanho e preço, e as empresas começaram lentamente a transformar seus processos. Essa é a chamada digitalização, o processo de converter informação analógica em digital.

De acordo com um outro estudo feito em 2017 pelo SMB Group, 48% das pequenas e médias empresas planejam transformar seus negócios para operar em um futuro digital. O mesmo estudo descobriu que três quartos das empresas pesquisadas concordam que tecnologias digitais estão mudando a forma de fazer negócio em seus setores. Quase todo empresário reconhece que precisa, mas são poucos os que fazem.

Basta ir em lojas de material de escritório como a Kalunga, a Office Depot ou a Staples para entender que o mundo inteiro ainda consome massivas quantidades de papelaria empresarial.

Quando comecei a LUZ Consultoria, em 2007, eu tinha cartão de visitas, folder impresso de apresentação da empresa, emitia notas fiscais impressas, tinha uma secretária eletrônica com uma linha de telefone fixa, tinha um site institucional e tinha meus arquivos todos salvos em um pen drive.

Mas poucos anos depois, em 2010, me livrei dos cartões de visita (não tenho um há mais de dez anos), troquei o site institucional por um e-commerce, terceirizei o atendimento telefônico para um escritório virtual, passei a emitir notas fiscais eletrônicas (virou obrigatório) e troquei meu pen drive por um serviço armazenamento de arquivos da nuvem (Dropbox).

Para pequenas empresas que estão apenas começando agora, não é preciso criar processos analógicos e digitalizá-los depois. Você pode criar sua empresa no mundo digital desde os primeiros dias. Nascer utilizando formulário em papel, etiquetas, fichários, carimbos etc. já não é mais sustentável. Pensar, planejar e criar sua empresa com processos digitais permite que você seja mais ágil, flexível e automatizável. Sua empresa precisa nascer com o mindset digital.

Ao embarcar na digitalização, muitas empresas estão dando um passo atrás e se perguntando se estão fazendo as coisas da forma certa. Esse é mais um dos benefícios de se digitalizar: encontrar gargalos, consertar processos e pensar de forma mais simples. A digitalização te força a ser lean[2] (enxuto).

Encontrar e compartilhar informação se tornou muito mais fácil, uma vez que ela foi digitalizada, mas a forma como as empresas usam seus arquivos digitais ainda é muito construída a partir dos métodos antigos analógicos. Sistemas operacionais foram desenhados em torno de ícones de arquivos mortos e pastas de documentos para que suas interfaces fossem familiares e menos intimidadoras para novos usuários.

Dados digitais são exponencialmente mais eficientes do que os dados analógicos conseguem ser. Ainda assim, sistemas e processos são largamente desenhados em torno das práticas da era analógica. Esse vínculo ao passado analógico atrasa a transformação digital, pois mantém o mundo físico como a grande referência.

Não é à toa que ainda é comum encontrar pessoas ocupadas 100% de seu tempo com trabalhos analógicos e processos manuais. Veja alguns exemplos de como já é possível digitalizar o que você possivelmente ainda faz de forma analógica:

> » Em vez de assinar fisicamente documentos, enviar por correios ou motoboy, você pode usar a DocuSign e fazer tudo online com validade jurídica via e-mail.

> » Em vez de ficar enviando mala direta manualmente todos os meses, você pode criar uma automação de marketing no Mailchimp para ele disparar automaticamente uma sequência com base nas novas publicações de seu site.

> » Em vez de ficar juntando papéis de notas fiscais, extratos bancários etc. e enviar todos os meses para seu contador, você pode fazer tudo online através do Contabilizei e automatizar a conciliação bancária e todo o processo contábil.

---

[2] Conceito derivado do Sistema de Produção da Toyota. O **lean manufacturing**, também conhecido como **manufatura enxuta** e também chamado de Sistema Toyota de Produção, é uma filosofia de gestão focada na eliminação de desperdícios, para aumentar a qualidade e reduzir o tempo e custo de produção.

>> Em vez de criar uma nota fiscal todos os meses, mandar por e-mail e ficar verificando no extrato de seu banco se o pagamento foi feito, você pode gerar a cobrança e a nota usando o Conta Azul e integrá-lo ao seu banco para ele verificar e dar baixa quando o pagamento for feito.

>> Em vez de ficar recebendo pagamentos em dinheiro ou cheque, você pode passar a aceitar pagamentos via PayPal ou PagSeguro.

>> Em vez de ter uma recepcionista atendendo o telefone e ligando para clientes confirmarem consultas, você pode usar um software de agendamento online que permite a seus clientes agendar online, receber lembretes de consulta e desmarcar, se for necessário, além de poderem pagar pelas consultas com o cartão de crédito.

No Capítulo 6, mostrarei uma lista mais completa de ferramentas e processos que podem ser automatizados, mas essa é apenas uma pequena lista para você ter uma noção de que a pequena empresa digital já existe. Não é algo restrito apenas às grandes.

>> O ~~FUTURO~~ PRESENTE É DIGITAL

Você já deve ter percebido que, nos últimos anos, negócios vêm se tornando cada vez mais digitais. Bancos, que antes trabalhavam com dinheiro, agências bancárias e a burocracia de papéis, agora funcionam todos na internet e via seus aplicativos. Você conversa com seu gerente por chat ou e-mail e faz quase tudo com seus cartões de débito e crédito, em vez de dinheiro ou cheques em papel. Nubank, Banco Inter e Next são grandes exemplo disso no Brasil.

A digitalização não significa transformar tudo que é físico em virtual, mas digitalizar o máximo de informação possível, transformando-a em dados. Dados digitais permitem a transformação digital de processos, tomada de decisão e a criação de automatizações para melhor desempenho e menor custo.

Digitalização não é necessariamente ser inovador, mas pode ser um caminho para se tornar um. Digitalizar é ser mais rápido e eficaz, uma vez que seus dados transitam virtualmente e não estão presos dentro de um arquivo físico qualquer. E isso transforma empresas.

Pense no atendimento ao cliente, seja dentro de uma loja ou em um call center. A digitalização mudou para sempre a forma como os registros de um cliente podem facilmente encontrados e consultas, tornando isso mais fácil hoje por meio de um computador. A metodologia básica de atendimento não mudou, mas os processos de registrar, analisar dados relevantes e encontrar soluções se tornou muito mais eficiente do que quando se utilizavam papéis.

Hoje uma venda registrada pelo caixa dá baixa no estoque, que, se ficar abaixo de um determinado nível, dispara um novo pedido de compra para o fornecedor com base em um contrato de valores pré-negociados.

A venda também registra o cliente que fez a compra, e se perceber que se trata de um item de compra recorrente, passa a enviar promoções ou dar mais pontos no programa de fidelidade, para o cliente manter esse consumo regular junto ao estabelecimento comercial, evitando, assim, que ele compre no concorrente.

À medida que as tecnologias digitais evoluem, as pessoas passam a ter novas ideias de como utilizá-las para reinventar processos, e não apenas fazer processos antigos mais rapidamente. Isso é o que acontece quando a ideia de transformação digital começa a tomar forma.

Um elemento-chave para a transformação digital é entender o potencial da tecnologia. Você não deve ser perguntar "como eu posso fazer de forma mais rápida as coisas que já fazemos?" O certo mesmo é perguntar: "O que a tecnologia me permite fazer melhor?"

Antes da Netflix, as pessoas escolhiam os filmes que queriam indo a lojas com dezenas de prateleiras com fitas e discos em busca de algo interessante para assistir. Quando a Netflix nasceu, ela alugava DVDs entregues e devolvidos via correios. Ela digitalizou as lojas e permitiu que os usuários escolhessem seus filmes online.

Agora, bibliotecas de conteúdo digital são oferecidas via streaming direto em dispositivos pessoais, com recomendações e críticas baseadas nas preferências do usuário. Essa foi uma disrupção clara ao mercado de locadoras de filmes físicos para quem estava antenado à evolução das tecnologias de armazenamento e transmissão de dados.

Não é preciso ser um futurólogo para imaginar o que a digitalização pode fazer com sua empresa. Imaginar a versão digital dela é algo ao alcance de todos.

≫ CRIE SEU GÊMEO DIGITAL

Muitas pessoas me perguntam como uma empresa de consultoria se tornou uma empresa de planilhas eletrônicas. Eu sei que para a maioria das pessoas não faz o menor sentido, mas a resposta é relativamente simples: eu criei um gêmeo digital.

Pode não parecer à primeira vista, mas a venda de planilhas é o que eu chamo de "gêmeo digital" da consultoria que prestávamos na LUZ. Um gêmeo digital é uma réplica digital de ativos físicos, sejam eles processos, pessoas, locais, sistemas ou dispositivos que funcionam de forma analógica.

Já contei aqui que a LUZ Consultoria ajudava na gestão de pequenas e médias empresas. Essa ajuda acontecia por meio de um diagnóstico que levantava pontos que precisavam de melhorias organizacionais e criava um plano de ação com sugestões de como melhorar. Na maioria dos casos, essas melhorias eram de processos da empresa, fossem financeiros, de marketing, recursos humanos ou operacionais.

Por exemplo, digamos que uma empresa precisava melhorar seu processo de seleção. Existiam deficiências na divulgação das vagas, na forma como dinâmicas eram conduzidas, no número e na qualidade das entrevistas e nos critérios da decisão final de escolha dos candidatos.

Cansei de criar um manual impresso com o fluxograma do novo processo desenhado. Não adiantava de nada. Meus clientes não colocavam em prática. Os relatórios em papel, analógicos, não ajudavam na execução desses processos.

Eu não era um grande especialista em tecnologias digitais, não era programador de software, mas eu sabia criar planilhas no Microsoft Excel, o maior software de prototipação e criação de sistemas do mundo.[3]

---

3 https://irishtechnews.ie/seven-reasons-why-excel-is-still-used-by-half-a-billion-people-worldwide/

Com o Excel, todos podemos ser programadores. Ao dominar suas fórmulas e funções, conseguimos criar pequenos softwares de gestão para controlar processos, registrar e analisar dados.

Foi quando passei a criar planilhas que ajudaram na execução desses processos. Elas permitiram organizar o processo com um sistema digital, com entrada e registro de informações, cálculos de indicadores, relatórios e recomendações.

Em uma planilha, era possível ter um checklist para registrar que a vaga havia sido divulgada em todos os canais importantes, ter uma área com todos os candidatos, uma coluna para registro de quais candidatos foram descartados e quais foram selecionados, com o motivo para cada um, uma área para registro do resultado das entrevistas e uma fórmula para calcular o candidato vencedor.

Ao colocar o processo analógico em um sistema digital, em formato de planilha eletrônica, criamos um gêmeo digital que era capaz de fazer com que o cliente executasse o que antes ele deixava no papel.

O formato digital do que eu prestava como consultoria analógica era mais bem-sucedido. O gêmeo digital agregava mais valor ao cliente. Eu descobri isso, pois criei o hábito de entrar em contato com os clientes seis meses após a finalização do projeto. Eu ligava para eles e comumente escutava: "Olha, até hoje não conseguimos executar aquele plano de ação, mas aquela planilha que você fez a gente usa o tempo todo. Adoramos ela!"

Criar um gêmeo digital pode não parecer trivial, mas basta dar um primeiro passo. A Amazon, uma das empresas mais valiosas do mundo, começou com o objetivo de ser uma livraria online. No fundo, a Amazon criou o gêmeo digital de uma livraria física.

Se você for no Google e fizer uma busca para saber como foi o primeiro website da Amazon, encontrará a imagem de um site feio, que em nada se assemelhava a uma livraria. Mas a Amazon nasceu com o foco de usar o mundo digital para ir além das limitações de uma loja física, oferecendo uma grande variedade de títulos e a preços baixos.

O que permitiu à Amazon entregar essa promessa? Investimento pesado em tecnologias digitais. E mais adiante, foco em automação e a terceirização de boa parte de sua oferta de produtos por meio do seu marketplace, coisas que só o ambiente digital permitiu acontecer.

Digitalize

Queira você ou não, já vivemos em um mundo digital. Neste mundo, toda entidade do mundo físico, seja ela uma pessoa física ou jurídica, já tem registros digitais.

Os lugares que você visita, as pessoas com quem você se comunica, as informações que você consome, está tudo registrado digitalmente em seu celular ou computador. As trocas financeiras que sua empresa faz, os serviços que ela presta, as vendas que ela realiza também estão ou deveriam estar registradas em sistemas digitais.

Existe uma cópia digital, pelo menos parcial, de você ou de sua empresa. E isso é bom e deveríamos querer mais. Sem querer entrar no mérito de privacidade, a existência de um gêmeo digital é positiva e deveria ser incentivada, para ser cada vez mais completa. Quanto melhor a representação digital do mundo real, seja de nós ou de nossas empresas, mais facilmente otimizaremos nossa vida.

Hoje um Apple Watch é capaz de dizer quantos passos seu usuário deu, quantos quilômetros ele andou, se sofreu uma queda, se sua frequência cardíaca ou oxigenação do sangue está fora do padrão normal. Em breve, poderá medir a pressão e o nível de glicose no sangue. Hoje, o relógio da Apple é capaz de ligar para o número de emergência se perceber que existe algo errado e, assim, salvar vidas. Quando se trata de saúde, gêmeos digitais têm sido mais bem aceitos. Por isso, é nessa área que estão os grandes avanços da digitalização de nossa vida pessoal. Cada vez mais isso será o novo normal.

O mesmo é válido para as empresas. Hoje, com sistemas de gestão, softwares na nuvem, laptops, smartphones e uma série de sensores, já é possível, por exemplo, ver a representação virtual de lojas físicas. Varejistas já conseguem saber o volume de pessoas que entram e saem de uma loja, quais áreas mais frequentam e quais produtos mais gostam de comprar. O mundo físico é a fonte de dados, mas é no digital que a transformação desses dados em otimizações e automações acontece.

Embora esse conceito de gêmeo digital exista desde 2002, ele só ganhou notoriedade graças à Internet das Coisas, que nada mais é do que a explosão de sensores e dispositivos físicos conectados à internet. Hoje temos câmeras de vigilância, assistentes virtuais, fechaduras de porta, geladeiras e mais um monte de eletroeletrônicos conectados à internet, replicando tudo o que acontece no mundo real dentro do ambiente digital.

Na minha casa, sei quem abriu ou fechou a porta, quem tocou a campainha, tudo registrado na nuvem, com reconhecimento facial e permitindo que eu possa dar acesso a quem eu quiser quando quiser.

Não existe mais "esquecer as chaves de casa" ou "ficar trancado do lado de fora" para ninguém da minha família. Minha cunhada precisou pegar meu aspirador emprestado, mas estou viajando: "Sem problemas, passa lá em casa. Criei um código temporário para você."

Digitalizar nossa vida pessoal e empresarial tem benefícios diretos na comodidade, na liberdade e no tempo livre em nossa vida. Mas é no mundo dos negócios que você precisa ir mais a fundo na digitalização. Foi a transformação de meu negócio, de minha forma de gerir minhas empresas que me permitiu construir o estilo de vida que tenho hoje.

O conceito de gêmeo digital é tão imperativo para os negócios hoje, que foi nomeado uma das dez principais tendências estratégicas de tecnologia da Gartner para 2019.[4] Thomas Kaiser, vice-presidente sênior de IT da SAP, coloca da seguinte maneira: "Gêmeos digitais estão se tornando um imperativo comercial, cobrindo todo o ciclo de vida de um ativo ou processo e formando a base para produtos e serviços conectados. As empresas que não responderem serão deixadas para trás."

Uso, em minhas empresas, sistemas que me alertam se meu site saiu do ar, se minhas vendas caíram muito bruscamente, qual campanha no Google está dando certo e vale aumentar o orçamento, qual está desempenhando mal e eu tenho de desligar etc. Alguns deles são gratuitos, outros me custam muito menos do que o estresse de fazer isso manualmente. Meus sistemas digitais me libertam.

No passado, empreendedores eram tomadores de decisão dentro de uma estrutura hierárquica, top-down, decidindo o que deveria ser feito e repassando isso aos níveis mais baixos. Estávamos sujeitos aos mais diversos tipos de problemas com isso: necessidade de recrutamento e seleção, treinamento, motivação, ausências e erros humanos, só para citar alguns.

Mas o mundo digital trouxe uma nova dinâmica. Os tomadores de decisão podem tomar decisões sobre regras e automações de tarefas delegadas a sistemas, reduzindo drasticamente o número de decisões necessárias e eliminando o fator humano e seus problemas em processos

---

4 https://www.gartner.com/en/newsroom/press-releases/2018-10-15-gartner-identifies-the-top-10-strategic-technology-trends-for-2019

repetitivos que máquinas e a representação digital de processos pode facilmente dar conta.

Para tudo o que não é possível automatizar, o mundo digital permite que essas tarefas sejam terceirizadas para microforças de trabalho que podem estar em qualquer lugar do mundo. Um pool de talentos enorme e a um custo justo está disponível para quem abraça o digital.

Você está pronto para embarcar nesse mundo digital? Está pronto para criar o gêmeo digital de sua empresa? Ótimo, então tentarei detalhar um pouco melhor por onde começar.

›› COMO DIGITALIZAR?

Digitalização não deve ser algo complexo ou caro, e pode ser feita de forma gradual para quem já está com sua empresa operando. Para digitalizar sua empresa, a pergunta certa a se fazer é: como meus registros e processos analógicos podem ser trocados por registros e processos digitais? Pode-se trocar um formulário impresso por uma planilha em Excel com fórmulas inteligentes? Ou algum software online de formulário, como o Google Forms?

Não faltam opções, mas elas nem sempre lhe atendem perfeitamente. Por isso, é necessário pesquisar, ser curioso, testar cada uma das opções, mesmo aquelas de que você nunca ouviu falar antes. A boa notícia é que existem inúmeras startups surgindo com novas soluções que lhe podem ser úteis, tecnologias que podem ajudar nessa jornada da digitalização para posterior automação de seus registros, seus processos ou suas rotinas.

Tentarei ser mais prático e mostrar para você como esse é um processo simples. Vamos pegar o exemplo do Dr. Roberto, meu clínico geral, que tem um consultório no bairro de Botafogo, no Rio de Janeiro. Ele, como a maior parte dos médicos, ainda opera seu consultório no modelo tradicional. Dr. Roberto tem uma sala em um prédio comercial, com uma recepção e uma secretária, algumas poucas cadeiras e várias revistas genéricas, como *Veja* e *Época*, para entreter os pacientes que aguardam por sua vez.

Para agendar consultas, é necessário ligar para seu consultório e, se o telefone não estiver ocupado, falar com sua secretária escolher um dia e horário em sua agenda. No dia anterior à consulta, sua secretária liga para confirmar a consulta e otimizar a agenda. Ao final da consulta, pago a secretária com um cheque e pego um recibo impresso com o carimbo do médico e o valor da consulta, para fins de reembolso do plano de saúde e imposto de renda.

Já o Dr. Paulo, meu homeopata, um belo dia se viu em uma situação que serviu de motivo para mudar sua vida. Sua secretária de toda uma vida, a Beth, se aposentou. Dr. Paulo, já cansado, querendo desacelerar e mudar o ritmo do exercício da sua profissão, tomou a corajosa decisão de não contratar uma secretária substituta. Mesmo com 60 anos de idade, Dr. Paulo resolveu entrar no Google e digitar: "software online para consultórios médicos".

Sem grandes expectativas, Dr. Paulo foi inundado com resultados, conforme captura de tela a seguir:

OnMed - O mais completo software para clínicas e consultórios
https://onmed.com.br/ ▼
O OnMed é o mais completo software para clínicas e consultórios médicos de diversas ... Se desejar, permita o paciente agendar a consulta online. Connector.

Software médico para clínicas e consultórios | ProDoctor Software
https://prodoctor.net/ ▼
Software médico para informatizar consultórios médicos, clínicas e policlínicas. Sistema de gestão fácil e ... Programa online para Consultórios. Agenda de ...

iClinic: Software médico para clínicas e consultórios
https://iclinic.com.br/ ▼
Tenha mais praticidade no dia a dia da sua clínica com o software médico mais fácil de usar. ... Agenda Online. Acesse sua agenda médica de qualquer lugar ...

Clínica nas Nuvens: Software médico para clínicas e consultórios
https://clinicanasnuvens.com.br/ ▼
Sistema médico para a gestão completa de clínicas e consultórios. Lucro ... Software online completo para o controle de clínicas e consultórios. Chega de ...

ClinicWeb - Software Médico para Clínicas e Consultórios
https://www.clinicweb.com.br/ ▼
O mais avançado Software Médico on-line para agendamento, prontuário eletrônico e controle financeiro de clínicas e consultórios. Certificação SBIS.

99Clinic - Software para Clínicas e Consultórios Grátis
https://99clinic.com/ ▼
O mais completo software para gestão de clínicas consultórios. Simplifica prontuário ... Software médico que simplifica e organiza sua clínica gratuitamente.

Shosp: Software médico para clínicas e consultórios
https://www.shosp.com.br/ ▼
Facilite a gestão da sua clínica ou consultório com o Shosp e tenha mais tempo para ... O software médico que você estava procurando. ... Agendamento Online.

Aproveitando sua tarde livre, ele resolveu explorar com calma as inúmeras opções e entrar pelo menos nos dez primeiros resultados, analisar suas funcionalidades, ver preços, depoimentos etc. Alguns têm opções de demonstração online ou que podem ser agendadas com um consultor de vendas. Ele, então, organiza o teste das cinco opções que mais gostou.

Ao longo da semana seguinte, Dr. Paulo conversa com a equipe de vendas dos softwares, assiste a demonstrações, tira todas suas dúvidas e faz anotações com letra de médico em seu caderno. Em casa, pede ajuda para seu filho, que, com 18 anos, recém-ingressado na faculdade, lida com a internet com facilidade. Juntos, eles ficam em dúvida entre duas opções.

Empolgado e ansioso com a importante decisão, ele resolve ligar para alguns amigos médicos mais próximos e descobre que dois deles usam uma das opções de que ele mais gostou e resolve fechar negócio.

Veja bem, isso não foi um processo rápido de poucas horas. Dr. Paulo ficou quase duas semanas para tomar essa decisão. Ainda mais sem a Beth para ajudar na rotina do consultório.

Mas, uma vez escolhida a solução, Dr. Paulo passa a contar com as seguintes funcionalidades:

- » Agenda Online: os pacientes do Dr. Paulo agora podem entrar no seu site e marcar consultas sem ter de ligar e falar com uma secretária. Para facilitar a adoção, ele deixa um recado na sua secretária eletrônica, onde dá o endereço online para todos que ligarem. Rapidamente, pacientes passam a checar a disponibilidade e marcar consultas com poucos cliques. Recebem um e-mail de confirmação da agenda com um link para eles adicionarem às suas próprias agendas. Também recebem uma confirmação no dia anterior via e-mail e até via SMS, se tiverem optado por isso.

- » Prontuário Online: Dr. Paulo passa a registrar tudo sobre seus pacientes nesse software e abandona fichas em papel e arquivos com gavetas pesadas e apertadas de tanto papel. Ele consulta com eficiência a ficha dos pacientes antes das consultas sem precisar da Beth para ficar procurando e separando pastas no início do dia.

- » Financeiro: o novo software passa a controlar os recebimentos do Dr. Paulo, permitindo inclusive o pagamento online via cartão de crédito antecipado, para agilizar o processo. Pagamentos em papel ou cheque podem ser feitos e depois conciliados. Se Dr. Paulo aceitasse plano de saúde, os pagamentos dos operadores também poderiam ser conciliados via software.

Uma montanha de formulários e outros papéis passam a ser economizados por Dr. Paulo, que passa também a ter menor custo de administração do consultório e mais agilidade em várias coisas que Beth não fazia tão bem assim.

Alguns pacientes mais velhos do Dr. Paulo não gostaram muito de tanta tecnologia, e para resolver isso, ele contrata uma empresa de secretariado virtual especializada em clínicas médicas por um oitavo do custo da Beth. Mas deixarei para explicar melhor isso no Capítulo 4, onde falo sobre terceirização.

Ah, mas na minha atividade não existe um software completo que me atende assim! Eu já pesquisei no Google!

Não se preocupe, você pode digitalizar seu negócio tão bem quanto ou até melhor do que o Dr. Paulo. E a melhor maneira de fazer isso é separando seus principais processos ou tipos de registros analógicos e buscando soluções para eles.

Darei um novo exemplo. Digamos que você tem uma oficina mecânica que é especializada em troca de óleo, balanceamento e alinhamento. Uma das rotinas mais cansativas que você tem é o agendamento de clientes que fazem manutenção anual com você. O telefone toca o tempo todo, muitos clientes reclamam que o telefone está sempre ocupado, e para resolver isso, você tem quatro linhas telefônicas e dois recepcionistas, que usam um sistema de PABX[5] que custa caro para você manter funcionando.

Essa simples rotina pode ser facilmente trocada por um software de agendamento online como o Calendly, Bookeo, Agenda Aí ou o Calendrier. Todos eles permitem que, com poucos cliques, clientes vejam os horários disponíveis e marquem sem precisar falar com ninguém.

Ou você pode adotar um atendimento telefônico virtual, como o Atende Simples, e criar automações de atendimento para fazer melhor filtragem

---

5 PABX *(Private Automatic Branch Exchange)* permite efetuar ligações entre telefones internos sem intervenção manual, ou, ainda, telefonar e receber telefonemas da rede externa.

e direcionamento de chamadas ou até mesmo integrar com os sistemas de agendamento mencionados.

Para cobrar os clientes, você tem maquininhas de cartão de crédito que te custam um valor mensal alto, e você sempre tem três delas, de diferentes empresas, com diferentes operadoras de celular, para evitar ficar sem sinal ou com o sistema fora do ar e não conseguir cobrar.

Para essa rotina, você pode adotar o Mercado Pago e aceitar cartão de crédito online, o cliente pode pagar de casa ou com seu celular, e toda vez que o pagamento é feito, uma nota fiscal é gerada automaticamente através de uma integração usando o Pluga.co para fazer a ponte entre o Mercado Pago e o NFe.io, que você adotou para gerar suas notas sem ter de ficar abrindo o site da prefeitura, que é lento e complicado.

A lista de possibilidades é longa. No Capítulo 6, trago uma lista bem completa para você.

Mas o meu ponto aqui é que, para cada uma das rotinas que você tem e faz de forma manual, ou analógica, você pode adotar um software específico para cada uma delas e integrá-los através de poucos cliques.

≫ A CULTURA DA EMPRESA É A BASE PARA A TRANSFORMAÇÃO DIGITAL

Eu sei que para muitos empreendedores e suas empresas, essa transformação não é fácil. Principalmente para quem conta com uma equipe de sócios e/ou funcionários, é fundamental começar pela sua forma de pensar e pela cultura da empresa. Dr. Paulo, com seus 60 e poucos anos, mostra que isso é possível.

Na minha visão pessoal, o modelo de empresa ideal não tem funcionários, apenas softwares de automação e freelancers terceirizados. Porém, eu sei que essa realidade não é 100% possível para muitos empreendedores. Muitos têm lojas físicas, muitos prestam serviços presenciais etc.

Não ficarei repetindo que acho que é possível digitalizar muito mais do que você pensa. Em vez disso, darei algumas dicas que usei ajudando empresas a se digitalizarem. Começando pela cultura da empresa.

A verdadeira transformação não pode ocorrer se você e seu time não estiverem totalmente investidos nela. Se forem resistentes à mudança, principalmente quando se trata de adotar novas tecnologias e transformar processos, enfrentarão uma enorme quantidade de desafios, muita frustração e um baixo retorno do investimento em novas tecnologias digitais.

É preciso que todos se comprometam com uma visão compartilhada dos benefícios do futuro digital. A transformação por meio da digitalização deve ser inserida na estrutura da cultura da empresa para que a equipe possa conectar os pontos entre a visão e o trabalho do dia a dia. Quando isso acontecer, uma mudança cultural começará a ocorrer e guiará seu compromisso com a empresa digital.

Eu também tive desafios nesse processo. Quando decidi que era hora de a LUZ matar 100% de suas atividades offline e passar a ser 100% digital, uma de minhas sócias na época decidiu que esse novo mundo não era para ela. E tudo bem, compramos as cotas dela de volta e seguimos em frente. Para conseguir provar que trabalhar de casa era possível, comecei fazendo isso e mostrando a todos que eu rendia tanto quanto e até mais nessa modalidade de trabalho. Aqui vão algumas dicas que me ajudaram nesse processo e podem ser úteis para você:

1. Comece dando o exemplo. Passe a adotar você mesmo novas tecnologias, a apresentar resultados gerados por ela. Será difícil fazer com que seus funcionários e sócios acreditem na digitalização se você não faz uso pessoal delas.

2. Veja a tecnologia como investimento, e não como custo. Compre computadores modernos, contrate softwares de qualidade e demonstre que a tecnologia é prioridade dentro de sua empresa. Ser difícil que seus funcionários comprem a ideia se você faz com que eles tenham de usar computadores lentos com telas pequenas, teclados com teclas quebradas, internet lenta etc.

3. Mostre a eles como chegar lá. Um bom ponto de partida é criar um programa de treinamento em inovação digital baseado em tecnologias que podem solucionar problemas que sua empresa enfrenta atualmente (use os exemplos do Capítulo 6). Isso deve incluir:

   » Comece com o porquê de digitalizar ser importante.
   » Como converter problemas em oportunidades com novas tecnologias.

» Abrace falhas como parte do processo de transformação.

» Incentive novas ideias.

» Acolha alguns riscos passageiros da transformação.

4. Abrace a mudança. Lembre-se de que a inovação digital também desafiará sua equipe a reprogramar processos e comportamentos entranhados há muitos anos. O ser humano é naturalmente resistente a mudanças, principalmente se já trabalham da mesma forma há muito tempo. Em outras palavras, funcionários (e empreendedores) mais experientes sofrerão mais com o processo.

5. Incentive uma cultura de aprendizado e orientação para o crescimento. Você deve criar um ambiente receptivo à adoção de novas tecnologias. Portanto, esteja preparado para treinar sua equipe em novas metodologias e tecnologias, para que elas possam evoluir também. Caso elas não correspondam, você terá feito sua parte e se sentirá mais à vontade para trazer pessoas mais capacitadas para sua empresa.

A digitalização pode ser encarada como uma ameaça a empregos. E, de fato, ela pode ser. Porém, existe um lado positivo nisso. Funcionários que faziam processos meramente operacionais e não agregam inteligência ou criatividade perceberão que precisarão evoluir para justificar suas funções. Alguns desistirão, outros encararão o desafio e crescerão.

6. Faça com que todos se comprometam. Você pode pedir que todos assinem um documento ou escrevam seu nome em um cartaz. Faça a equipe se unir em torno de uma visão compartilhada. Nem todos toparão, talvez alguns decidam até sair da empresa nesse momento, como aconteceu na minha própria empresa.

7. Mostre cases de sucesso. Talvez um amigo empreendedor já adote algum tipo de tecnologia que você quer adotar e possa dar uma palestra para sua equipe. Isso pode ser positivo não apenas no conhecimento trazido, mas também na apresentação de um caso de sucesso real em que a digitalização já traz benefícios (como o case do Dr. Paulo).

8. Estabeleça um ritmo de adoção de novas tecnologias. A quantidade de novas tecnologias é esmagadora. Você não precisa tentar adotar todas elas ao mesmo tempo. Por isso, minha dica é focar uma rotina ou tecnologia por vez. Faça aos poucos, busque sempre aquela que é a mais simples, e não a mais complexa e cheia de funcionalidades que você nunca usará (ou terá muita dificuldade no início). Comece com pequenas vitórias. Busque preferencialmente softwares que tenham integração com outros e criem pontes de informação para você.

No fundo, não é tão difícil assim, e te garanto que de uma hora para outra sua empresa estará digitalizada por completo sem você perceber. É como uma bola de neve: uma vez que sua equipe compre a ideia e comece a vivenciar a digitalização, eles próprios começarão a buscar soluções por conta própria e agregarão ainda mais.

Para resumir, a digitalização não significa transformar tudo que é físico em digital/virtual de uma única vez. Dê um primeiro passo e tente digitalizar o máximo de informação possível, transformando-a em dados, para permitir a transformação digital de processos, tomada de decisões, a criação de automatizações etc. Ou seja, apenas faça. Comece agora, antes mesmo de terminar de ler este livro. Não há mais tempo a perder.

≫ A DIGITALIZAÇÃO FORÇADA

Durante a finalização da escrita deste livro, o mundo parou por causa do coronavírus. Por ser altamente contagioso, assintomático em um grande número de pessoas e causar uma grande quantidade de internações, a principal ação de combate foi o isolamento social. O comércio foi fechado, escolas encerraram o ano letivo, voos foram interrompidos, fronteiras foram fechadas, pessoas tiveram que ficar em casa e evitar ao máximo o mundo exterior.

Da noite para o dia, a maior parte da população mundial passou a ter de trabalhar de casa. Apesar de os meios existirem há muito tempo e muitas pessoas, como eu mesmo, fazerem isso já há alguns anos, para muita gente foi um novo desafio. Ainda maior para os pais, pois significou ter de trabalhar de casa com seus filhos fora da escola.

É interessante para mim como sistemas antigos se adaptam rapidamente à nova realidade. Escolas e faculdades, sempre organizadas em sistemas rígidos, rapidamente tiveram de jogar suas aulas para o ambiente online. Professores de ginástica, yoga e outras práticas físicas em grupo passaram a transmitir aulas ao vivo no YouTube e Instagram. Não foi fácil, existe muito espaço para melhorias, mas foi feito.

O mundo se digitalizou na marra, e foi um vírus o responsável por acelerar isso. O quanto essa transformação digital se manterá após o fim da pandemia, eu não sei dizer. Mas, com certeza, as pessoas viram que é possível. Alguns manterão essa transformação em seu dia a dia, outros não.

Eu, particularmente, senti pouco os impactos da pandemia em minha vida. É claro, no início, fiquei com medo e receoso com minha saúde e a de minha família, com a economia e o rumo do mundo. Mas eu já trabalhava remoto, não tinha escritório ou contas fixas altas para pagar, não tinha funcionários para demitir, meus negócios são digitais e/ou ajudam na digitalização.

Moro em uma casa com quintal, rodeado por parques e trilhas. Meu filho sentiu a falta da interação social na escola, nós sentimos a falta da escola para fazê-lo gastar energia também. Mas perto do que amigos meus passaram, com filhos pequenos em apartamentos de 70 m², o dia inteiro em casa por quatro meses seguidos, posso me considerar um cara de sorte.

O único problema é que essa digitalização forçada teve um viés contrário ao que eu prego neste livro. Acredito na digitalização como forma de liberdade, e não aprisionamento. A digitalização forçada pelo coronavírus veio dentro de um contexto de limitação da liberdade de ir e vir. Ainda mais em um turbilhão de emoções como o medo e a ansiedade causados por um vírus tão novo e mortal.

As pessoas não vivenciaram um home office tranquilo, empresas não tiveram tempo para se adaptar, foi tudo muito rápido e traumatizante. A vida voltará ao normal, mas algum aprendizado e alguma parte das mudanças vieram para ficar. Quais, ainda não sabemos.

Talvez, para quem estiver lendo este livro, algumas ferramentas não sejam completamente novas. Espero que em algum momento consigam adotá-las com o objetivo de liberdade. Talvez assim o mundo pós-coronavírus não seja mais o mesmo, seja muito melhor.

REFLEXÕES
DO CAPÍTULO 2

» Digitalize todo e qualquer tipo de informação analógica em sua vida ou empresa.

» É a digitalização que permitirá automações e a terceirização para freelancers na internet.

» Digitalizar não é uma ameaça, é uma oportunidade.

» Tecnologias digitais e de automação já são acessíveis para pequenas empresas.

» Crie um gêmeo digital para seu negócio analógico.

» Procure softwares online para seu negócio.

» Se não existir um, agrupe softwares que digitalizem diferentes processos de sua empresa.

» Seu mindset e a cultura da empresa são peças-chave na digitalização.

AUTOMATIZE

"Você precisa escolher problemas que são difíceis para humanos, mas fáceis para as máquinas. Não o contrário. Automação é fazer a tecnologia fazer o trabalho pesado ao invés de você fazer por conta própria."
— Aparna Chennapragada

A minha empresa LUZ, já contei aqui, nasceu em 2008 como uma consultoria empresarial que vendia projetos precificados com base em hora/homem. O problema da venda de horas é que um dia tem apenas 24 horas, das quais você só consegue dedicar apenas cerca de 5 aos clientes. Afinal, é necessário retirar dessa equação o tempo de deslocamento, o trabalho administrativo, os esforços de prospecção etc.

Não demorou muito tempo para ir atrás de um modelo de negócios mais escalável. Então, em 2010, resolvi testar várias ideias de serviços, e, para piorar, todas ao mesmo tempo. Agora já com uma equipe de sócios, raspamos todas as reservas da empresa, investimos em um escritório, co-working, uma loja física que vendia serviços pré-formatados de consultoria e em um e-commerce de produtos digitais.

Passei os dois anos seguintes trabalhando muito e vendo pouca evolução na busca da escalabilidade. O fato é que, de todas nossas tentativas, somente uma tinha um modelo de negócios realmente escalável, e tínhamos dado pouca atenção a ela até então.

Somente ao final de 2012, resolvemos aumentar nossos esforços ao e-commerce, onde vendíamos planilhas em Excel prontas para usar. Em pouco tempo, começamos a colher resultados, e em 2013, resolvemos girar a chave. Fechamos todos as iniciativas não escaláveis e focamos 100% o e-commerce. Perdi uma sócia, trouxemos um novo sócio e mergulhamos de cabeça no mundo digital.

O último projeto de consultoria que vendi foi vendido a um valor de mais de meio milhão de reais, com um valor/hora absurdamente alto. Mas eu havia percebido que o valor/hora não era meu único incômodo. Eu também queria me livrar de gerar receita apenas mediante minha presença, depender de deslocamentos, estar preso a uma área geográfica etc.

Existia um custo incalculável de estar preso às minhas horas como única fonte de receita possível. Seja você um funcionário ou um empreendedor, essa é uma dura verdade. E é a primeira corrente que precisa ser quebrada.

Foi graças ao e-commerce que vi que era possível ter uma empresa que vendia enquanto eu dormia; acordar no dia seguinte e ver que uma venda foi feita sozinha. Ver que um cliente viu um produto que gostou, pagou via cartão de crédito e o recebeu de forma automatizada, sem depender das minhas horas ou de meus sócios. Foi aí que comecei a viver meu sonho.

Acontece que ele já não era mais um sonho, mas ainda faltava um bocado para virar 100% a realidade que eu queria. A transição de consultoria para a venda de planilhas não foi fácil. Não porque o modelo de venda de planilhas era ruim ou complicado, mas porque migramos da venda de serviços para a venda de produtos.

Tivemos de aprender muito sobre estratégias de varejo digital. Datas comemorativas, promoções, cupons de desconto, amostras grátis etc. Por um tempo, ambas as empresas andaram em paralelo, até que as receitas de planilhas passaram a ser capazes de manter os custos da empresa e dar lucro.

Quer saber se valeu a pena? Ah, valeu, se valeu!

❯❯ AUTOMAÇÃO É LIBERDADE

Contarei um segredo para você: a LUZ Planilhas vende anualmente mais de R$3 milhões, sem equipe de vendas. Não temos um vendedor sequer, não emitimos propostas, não ligamos para clientes, não marcamos reuniões, nada disso.

Noventa e cinco por cento das vendas são feitas por meio de processos automatizados. A gente tem um blog que gera quase um milhão de visitas por mês e temos campanhas de links patrocinados que atraem usuários aos nossos conteúdos gratuitos. Capturamos o e-mail deles com pop-ups que oferecem planilhas demonstrativas para eles testarem, e ao final, um pequeno percentual é convertido em vendas. Zero interação humana, do início ao fim. Muito louco para você? Normal para quem tem uma empresa com seu marketing inteiramente automatizado, como nós.

Opa, mas 95% não é 100%. E os outros 5%, Daniel? Bem, a gente tem um e-mail de suporte que atende durante a semana no horário comercial e que dá uma forcinha para alguns clientes mais indecisos. E só isso.

Para saber o que você deve automatizar, é muito simples. Faça uma simples pergunta: é um processo repetitivo? Então automatize! Automatizar nada mais é do que terceirizar para uma máquina, software ou qualquer tipo de tecnologia especializada capaz de seguir instruções e realizar tarefas com base em regras preestabelecidas, em alta frequência e a um custo razoável.

Existem dois tipos de tarefas repetitivas: as que são parte de um processo ou rotina, e as que você vive fazendo por causa de um problema não resolvido. Darei um exemplo de cada uma delas para ser mais claro.

Uma tarefa repetitiva que faz parte de uma rotina pode ser enviar um e-mail de boas-vindas para todos seus novos clientes. Você poderia fazer isso manualmente ou contratar um software de marketing com essa funcionalidade.

Já uma tarefa repetitiva que faz parte de um problema não resolvido pode ser esquecer de pagar uma conta todos os meses porque os correios não entregam o boleto na data certa. Típica situação que você pode resolver pedindo para a empresa lhe enviar boleto por e-mail, criar um lembrete no seu calendário ou, melhor ainda, colocar o pagamento em débito automático.

Outra forma de enxergar as oportunidades de automação é por meio dos dois lados que todo negócio tem: a frente de loja, responsável por marketing, vendas e atendimento; e o fundo de loja, responsável pelo financeiro, recursos humanos e operações.

Na frente de loja, como eu mesmo já citei no exemplo da LUZ, use um e-commerce com um software de automação de marketing para fazer toda a comunicação e o esforço de vendas, ou um software de help desk para automatizar o suporte com mensagens predefinidas.

No backoffice, use um software financeiro que se integre com seu e-commerce e sua conta do banco, que reconheça automaticamente despesas que são frequentes e use a mesma classificação que você utilizou nos últimos três meses, que tenha um sistema de emissão de nota fiscal integrado e envie automaticamente notas para seus clientes.

A automação dá oportunidade para que empresas substituam processos mundanos e repetitivos sem intervenção humana direta, reduzindo a fadiga e a produção de erros, seja sua empresa da área de manufatura, tecnologia, varejo ou serviços.

Automação de tarefas chatas, problemáticas e sensíveis financeiramente para sua empresa podem ter enorme impacto na sua equipe e no seu nível de estresse. É muito provável que a automação lhe permita reduzir preços, melhorar a qualidade de seus produtos ou serviços e até mesmo enxugar sua folha de pagamento de funcionários de mais baixo nível técnico.

Computadores são equipamentos incríveis quando se trata de realizar tarefas repetitivas. Eles também são excelentes em precisão. E porque nós humanos somos horríveis em tarefas repetitivas e muito piores em precisão, a combinação entre nós cria um conjunto perfeito.

Hoje você não precisa mais aprender a escrever códigos e desenvolver seus próprios sistemas para automatizar sua empresa. Lembra da famosa frase do Steve Jobs sobre a loja de aplicativos da Apple? "There's an app for that" (Existe um aplicativo para isso)! Hoje você facilmente encontra aplicativos prontos, simples de usar, acessíveis e capazes de automatizar 80% ou mais de suas tarefas repetitivas.

Além de softwares prontos, existem softwares que ajudam leigos a criar softwares em poucos cliques. Basta pesquisar sobre Zoho Creator[1] ou Bubble,[2] se quiser criar aplicativos web, ou então Build Fire,[3] se quiser criar aplicativos mobile.

---

[1] https://www.zoho.com/creator/

[2] https://bubble.io/

[3] https://buildfire.com/

E não me venha dizer que você viu que o software de e-mail marketing era muito caro porque custava 100 dólares por mês. A sua secretária mandando e-mail à mão todos os meses, cometendo um erro ou outro, lhe custará muito mais do que isso. Infelizmente, tem gente que ainda prefere contratar um funcionário CLT mediano a pagar um software de automação que não erra e melhora a cada dia.

"Não aprenda a desenvolver código, aprenda a automatizar", diz o desenvolvedor Erik Dietrich. Essa é a uma das melhores dicas do universo empresarial. Praticamente qualquer executivo no mundo atual tem um trabalho que envolve realizar uma tonelada de trabalhos repetitivos e que poderiam ser feitos de forma mais eficiente se adotassem o mindset de automação.

Você pode automatizar a coleta de dados com Excel ou Google Sheets, você pode automatizar e-mails com simples plugins para o Gmail, você pode automatizar seu calendário com aplicativos de celular. A revolução da automação já começou faz tempo e cresce exponencialmente.

≫ A AUTOMAÇÃO DO TRABALHO

Minha mãe se formou em 1976 como desenhista industrial pela PUC do Rio de Janeiro. A profissão de desenhista industrial ainda não era reconhecida e foi precursora da profissão que hoje conhecemos como designer.

A educação, que muito pouco mudou de lá pra cá, era fortemente baseada na Revolução Industrial, e tudo girava em torno de criar profissionais capazes de gerenciar e otimizar fábricas.

Minha mãe trabalhou praticamente por toda sua vida na Light, empresa de distribuição de energia elétrica do Rio de Janeiro, na área de desenho técnico. Seu trabalho consistia em desenhar subestações elétricas em papéis de grande formato, debruçada em pranchetas inclinadas, com réguas deslizantes, esquadros, compassos e lapiseiras.

Eu me lembro bem da sala de trabalho dela. Afinal, ir ao trabalho dos pais é uma experiência marcante para qualquer criança que passa o dia longe deles. A sede da Light ficava na Rua Marechal Floreano, uma rua paralela à movimentada Avenida Presidente Vargas, em um prédio largo, antigo e não muito alto.

A sala da minha mãe era, na verdade, a sala dos desenhistas e devia ter facilmente uns 300m² ou 400m², com pelo menos uma dúzia de pranchetas.

Era uma sala ampla e bem iluminada, com muito papel e inúmeros itens de papelaria. Era o ambiente perfeito para manter uma criança entretida por muitas horas.

Mas essa sala e esse ambiente não são apenas uma memória longínqua minha. São também dela. Em apenas uma década, a sala dos desenhistas mudou radicalmente. Pranchetas foram substituídas por mesas comuns e papéis, réguas e lapiseiras foram substituídas por computadores com o software AutoCAD instalado neles. Foi rápido, mas não indolor.

Os desenhistas que sobreviveram precisaram aprender como usar o AutoCAD e se adaptar. Os mais velhos anteciparam suas aposentadorias. Em poucos anos, ninguém mais se lembrava de que um dia se trabalhou de forma analógica por ali.

Por sorte, minha mãe já havia mudado de setor. Seu sonho sempre foi ser uma designer criativa, artística, e não técnica-industrial. Ela migrou com sucesso para a área de comunicação e chegou um pouco mais perto de um dia a dia que lhe dava prazer.

A chegada do AutoCAD ao mundo do desenho técnico não foi apenas a digitalização dessa área. Ele foi o primeiro passo para a automação de boa parte das funções repetitivas de desenhistas. Utilizando pedaços de códigos conhecidos como "Macros" ou linguagens mais avançadas como VBA, é possível automatizar processos repetitivos básicos de desenho, sendo possível até mesmo criar a base de projetos sem qualquer interferência humana.

Em outras palavras, isso significa que o trabalho que antes era feito por dez desenhistas em suas pranchetas, em um primeiro momento foi substituído por dez desenhistas em dez computadores, mas logo em seguida, com o uso da automação, foi substituído por apenas dois funcionários e seus computadores.

Se a digitalização é o primeiro passo, a automação é o segundo. E, com ela, a redução ou eliminação de funções nas quais uma máquina pode ser mil vezes mais eficiente do que um ser humano.

Segundo a Wikipédia, automação (do latim *automatus*, que significa mover-se por si só) é um sistema automático de controle pelo qual os mecanismos verificam seu próprio funcionamento, efetuando medições e introduzindo correções, sem a necessidade da interferência do homem.

Tanto a definição quanto a imagem escolhida para representar a automação estão sempre relacionadas a processos industriais. Automação nos faz pensar em robôs laranjas montando carros em fábricas automotivas. É preciso desconstruir essa imagem de que a automação só existe no mundo da engenharia mecânica.

Na era da informação, robôs são sistemas que recebem dados, registram, tratam e enviam para destinatários, que podem ser pessoas ou outros sistemas. Tudo com base em regras predefinidas. É tudo digital, virtual e um tanto quanto abstrato.

Para um empreendedor, não automatizar sua empresa significa esperar mais cedo ou mais tarde pela sua extinção. Especialmente para aqueles que ainda têm humanos realizando tarefas que computadores poderiam automatizar facilmente. A automação está eliminando profissões, entre elas, a do empreendedor analógico ou empreendedor operacional.

Mas eu não quero que você enxergue a automação como um desafio de vida ou morte, nem tampouco como caminho para você fazer mais e mais. Quero que você a enxergue como algo acessível a qualquer um e como estratégia para você capturar mais tempo para si mesmo. Automatizar pode ser algo tão simples quanto escolher um prato em um restaurante.

» AUTOMAÇÃO À LA CARTE

Um dos principais conceitos nos dias de hoje sobre estratégia no mundo digital é o conceito de *"bundling and unbundling"* ou, em português, agrupar e desagrupar.

Agrupar significa criar ainda mais valor ao combinar várias pequenas ofertas em uma grande oferta (combo). Quanto mais ofertas contidas em um combo, maior será o Valor Percebido. É uma estratégia adotada por empresas de TV a cabo. Ao agrupar diferentes canais para diferentes perfis de consumidores, foi possível oferecer ainda mais valor para os diferentes perfis de consumidores dentro de uma residência familiar. Ao assinar um dos pacotes disponíveis, é possível agradar ao pai, à mãe e aos filhos de diferentes idades. Todo mundo sai ganhando, principalmente a operadora de TV a cabo.

O agrupamento de ofertas faz mais sentido no mundo digital, onde o custo de distribuição tende a zero. Ou seja, distribuir mais ou menos canais de TV é um custo marginal muito pequeno ou quase inexistente em alguns casos. Portanto, a criação de pacotes permite que empresas aumentem seu ticket médio por cliente, sem aumentar seu custo.

O agrupamento de ofertas foi um movimento muito forte no universo dos softwares para empresas. Os grandes ERPs,[4] como o SAP, ou grandes CRMs,[5] como o Salesforce, eram softwares extremamente completos, com milhões de módulos e funcionalidades embutidas.

Esse agrupamento de funcionalidades também era uma forma de visar o aumento da percepção de valor para que fosse possível cobrar valores bem altos. No entanto, além do custo de aquisição e manutenção, existia um altíssimo valor de implementação.

O excesso de funcionalidades gerava uma grande complexidade e uma longa curva de aprendizado. O número de fracassos na adoção dessas tecnologias acabou se tornando alto, mesmo em empresas grandes, com muito capital para investir em todo esse processo. Para pequenas empresas, então, a possibilidade de implementar tais softwares era praticamente inexistente.

Já o desagrupar é um movimento contrário e significa dividir uma grande oferta em ofertas menores. O desagrupamento foi adotado em uma segunda onda de empresas digitais, estimuladas principalmente pelo nascimento das chamadas APIs[6] ou Interfaces de Programação de Aplicativos. Trata-se de um protocolo de comunicação entre dois sistemas diferentes.

Graças a elas, aplicativos mais específicos surgiram e se tornaram melhores do que aplicativos mais genéricos que faziam de tudo um pouco. Pegue, por exemplo, um aplicativo de CRM que tem agrupado dentro de si funcionalidades de cadastro de clientes, negociações comerciais, agendas de reuniões, faturas e cobranças, envio de e-mail marketing etc.

Uma série de startups passou a oferecer esses serviços em separado, com maior qualidade e melhor experiência. Isso permitiu que usuários escolhessem as empresas que mais lhe agradassem, interconectando os diferentes serviços entre si por meio de suas APIs e permitindo que criassem seus próprios CRMs, implementando uma solução de forma gradual. Nesse momento, uma série de tecnologias, antes inviáveis para pequenos

---

4 Enterprise Resource Planning

5 Customer Relationship Management

6 Application Programming Interface

negócios, passaram a ser uma opção real tanto pela redução da complexidade quanto pela redução dos preços.

De uma forma análoga, foi o que a Apple fez com o iTunes, a partir do momento que permitiu que usuários comprassem músicas em MP3 separadas, sem ter de comprá-las agrupadas em álbuns inteiros. Foi assim que você passou a poder montar sua playlist de músicas favoritas como bem entendesse.

O mesmo ocorreu com o setor bancário brasileiro, onde startups surgiram oferecendo separadamente serviços de cartão de crédito, empréstimos, conta-corrente etc. Ninguém recriou um banco igual ao Itaú ou o Bradesco, todos escolheram uma pequena parte do que os grandes bancos faziam para poder competir.

A questão é que, independentemente da estratégia escolhida pelas empresas de agrupamento ou desagrupamento, o surgimento de APIs abertas permitiu que os sistemas antes fechados em si passassem a ser abertos. Em um mundo digital, isso os tornou acessíveis não só financeiramente, mas também em termos de usabilidade. A escolha de softwares menores, que podem ser interconectados, elevou as possibilidades de automação e passou a permitir que qualquer empresa criasse seus sistemas como desejasse.

Por exemplo, já criei automações integrando diferentes softwares via suas APIs da seguinte forma: criei uma campanha no Google Adwords que jogava visitantes para uma landing page feita no Unbounce, que integrei ao Mailchimp para registrar o e-mail e enviar um arquivo digital gratuito de dentro do meu Dropbox. Uma sequência de e-mails era disparada automaticamente para que eu tentasse fazer uma venda com minha loja no Shopify. A loja, também integrada ao Mailchimp, permitia entender quem comprou e quem não comprou, para então fazer o envio automático de e-mails de recuperação de vendas. Finalmente, minha loja estava integrada ao Tiny ERP para emitir automaticamente as notas fiscais e manter meu financeiro organizado.

Outro exemplo desse tipo de desagregação e maior acessibilidade é a tecnologia de automação residencial. Há cerca de dez anos, instalar sistemas de automação em uma casa era algo disponível apenas para pessoas ricas. Era necessário instalar um sistema completo, com cabeamento próprio, que controlava luzes, temperatura, portas, janelas, cortinas, alarmes de segurança e câmeras. Era um pacote completo, caro, complexo e que exigia mão de obra especializada.

Nos dias de hoje, praticamente qualquer um pode automatizar sua casa com a Alexa, assistente virtual criada pela Amazon. Não é preciso cabeamento especial nem mão de obra especializada. Você também não precisa automatizar a casa inteira. Por meio da Alexa, você pode começar com uma simples lâmpada e depois começar a controlar o seu ar-condicionado. Tudo possível por causa da API que ela possui e à qual qualquer empresa ou pessoa pode se conectar criando as chamadas "habilidades". Já existem mais de 70 mil Alexa Skills. Junto ao Google, a Amazon tem um dos ecossistemas de automação mais diversificados do mercado.

Não é exagero dizer que você pode começar a automatizar seu negócio como se estivesse em um restaurante. Peça uma "entrada", dê uma "beliscada". Sinta o gostinho. Com o tempo, monte seu prato principal, escolha os acompanhamentos e siga em frente.

Monte seu prato de automação da forma que lhe for mais conveniente. Como eu disse, é possível começar aos poucos, investindo pouco dinheiro e vendo resultados reais no dia a dia. O mundo atual das APIs e softwares na nuvem trouxe uma nova realidade para pequenos empreendedores. Uma realidade mais acessível e flexível de adotar.

≫ SUA EMPRESA AUTOMÁTICA

Quero reforçar a você que automatizar e resolver todos os problemas ao mesmo tempo é caro e difícil. As possibilidades são infinitas, e você pode se sentir intimidado com tantas opções. Por isso, sugiro que você se faça algumas perguntas para decidir por onde começar:

1. ONDE TENHO O MAIOR NÚMERO DE PROBLEMAS ME ESTRESSANDO?

Geralmente, essa primeira pergunta lhe apontará processos ou rotinas que geram maior quantidade de cabelos brancos em você.

Sei que a maioria dos livros empresariais lhe dirá para atacar primeiro os problemas relacionados aos clientes, afinal, são eles os responsáveis pelo seu faturamento e sobrevivência, certo?

Para mim, não. Minha abordagem segue mais na linha da recomendação das máscaras de oxigênio em caso de despressurização em um avião.

Se você viaja frequentemente, ou já viajou, e prestou atenção nos procedimentos de segurança, sabe do que estou falando.

Em um voo, em caso de despressurização da cabine e consequente redução do nível de oxigênio devido à altitude, máscaras de oxigênio caem do teto do avião sobre cada assento. Nesse momento, a indicação é a de que adultos *primeiro* coloquem as máscaras em si mesmos e depois coloquem na criança ao seu lado (caso estejam acompanhando um menor de idade).

A reação de quem lê esse procedimento pela primeira vez é de estranhamento, mas rapidamente entendemos que faz total sentido. **Somente se estivermos bem poderemos ajudar o próximo.**

Em uma empresa é a mesma coisa. É preciso ser um pouco egoísta nesse momento. Portanto, busque automatizar os processos que lhe estressam, que são de sua responsabilidade ou que afetam diretamente a qualidade de seu trabalho e sua saúde mental.

Automatizar um processo próprio ou com o qual você tem contato direto também é fundamental para entender melhor como funciona implementar uma automação, os ajustes necessários e o resultado final.

Liberar você significará capturar tempo. Isso lhe permitirá ficar com a cabeça mais vazia, que lhe permitirá pensar com mais clareza sobre soluções e os próximos passos.

Uma vez que você esteja feliz, siga para processos relacionados a clientes e avance para os demais setores da empresa. Mas lembre-se: não busque a automação perfeita. O software perfeito que atenderá 100% da sua demanda nem sempre existe. Também não se satisfaça com muito pouco. Automatizar apenas 10% do processo e continuar se estressando com 90% não funciona. Busque pelo menos mais de 50% de automação, nem que isso seja feito em etapas e unindo diferentes softwares através de ferramentas como Zapier e Pluga. Mas lembre-se: é para descomplicar, não para complicar.

2. EM QUAIS PROCESSOS TENHO GARGALOS DE EXECUÇÃO?

Gargalos de execução podem ser fontes de estresse, mas geralmente estão relacionados a dificuldades para crescer ou reduzir custos.

Digamos que você tem um processo que é feito manualmente por um funcionário. Esse funcionário tem uma capacidade de realizar, hipoteticamente, vinte vezes esse processo por mês. É um processo simples, com baixo índice de erros, mas que tem um limite baixo, e, consequentemente, toda vez que sua empresa cresce e ultrapassa o limite por funcionário, você precisa contratar outro. Ou seja, se você precisa executar cem vezes esse processo por mês, precisará ter cinco funcionários contratados. Isso é um gargalo.

Gargalos restringem sua escalabilidade, o que, em outras palavras, significa a capacidade de crescer sem restrições e com incrementos pequenos de custo.

Voltando ao exemplo, vamos dizer que esses funcionários lhe custem cerca de R$2 mil por mês cada e, portanto, que o custo total para execução dos cem processos seja de R$10 mil. Você, então, descobriu um software capaz de fazer o mesmo processo de forma automática, e, mesmo sendo um software considerado caro, que custa R$1 mil por mês, ele reduz em 90% o seu custo mensal e é capaz de fazer mil vezes esse processo mensalmente no plano contratado. Vale a pena ou não?

Na LUZ, gastamos cerca de R$30 mil por mês com softwares, ou cerca de 10% de nosso faturamento. Esses softwares são responsáveis por nos ajudar a automatizar 90% de nossas atividades operacionais. Eles podem fazer o mesmo trabalho que milhares de funcionários não seriam capazes de fazer, de forma precisa e sem erros.

Se não tivéssemos esses softwares, ao invés de ter uma lucratividade acima de 30%, provavelmente fecharíamos no prejuízo. Se eu tivesse de gastar com funcionários CLT ou mão de obra terceirizada, eu não apenas teria prejuízo, mas também não teria paz, liberdade e o tempo livre que tenho para mim.

Automatizar não é caro. O que é caro é manter rotinas sendo realizadas de forma manual, com funcionários fracos e mal pagos, estressados, cometendo erros, gerando gargalos, gerando insatisfação para seus clientes e infelicidade para você.

Antes de dizer que um software é caro, pense duas vezes. Imagine como seria o mundo com ele automatizando rotinas de sua empresa com estabilidade versus o mundo com funcionários fazendo o mesmo.

No atual ritmo de inovação turbinado por novas startups, todos os dias surgem novos softwares, com versões melhores do que as anteriores, querendo conquistá-lo como cliente. Troco frequentemente de software e, geralmente, para algo melhor do que usava antes. É uma jornada na qual vivemos o futuro da tecnologia no presente.

Um dos grandes pontos positivos de adotar um software de automação é que raramente existe retrocesso. Só se anda para a frente, diferente de quando você executa processos baseados em pessoas. Diferente dos softwares, em que o conhecimento da execução de processos está sistematizado em códigos, pessoas guardam esse conhecimento na cabeça e o levam consigo quando saem da empresa.

Você já enfrentou problemas quando um funcionário-chave saiu da sua empresa para um concorrente que pagava mais e da noite para o dia ficou sem saber como executar uma determinada rotina? E ainda levou meses até conseguir dominar a rotina, contratar uma nova pessoa, treiná-la etc.?

Softwares não têm esse problema. Softwares são, em sua essência, processos digitais padronizados. Eles servem de redes de apoio a operações do dia a dia de sua empresa. E fazem, em boa parte das vezes, um trabalho muito melhor do que pessoas são capazes de fazer.

❯❯ REDES DE APOIO EMPRESARIAL

Se você quer ser um empreendedor livre com uma empresa que tem um modelo de negócio automático, precisa começar a adotar sistemas que formem redes de apoio ao seu redor. De fato, acredito que você deva ter redes de apoio em todas as áreas de sua vida. Em sua vida pessoal e familiar, para que você possa viver melhor, e nos seus negócios, para que suas empresas funcionem sem você precisar se matar de estresse e trabalho.

Você acorda às 6h30 com seu despertador, levanta, liga sua cafeteira, toma seu café, se arruma e pega o metrô para o trabalho. Você tem a sua própria rotina, que funciona com a ajuda de um pequeno sistema, que você colocou para funcionar graças ao apoio de tecnologia (ex.: despertador e cafeteira), e chega ao trabalho graças a outro sistema: o de transporte público de sua cidade.

Ao longo do dia, sua casa será arrumada pela sua diarista, algumas contas serão pagas pelo sistema de débito automático de seu banco, seu telefone lhe avisará de uma reunião importante, e assim por diante. Se você parar para pensar, sua vida já tem elementos humanos e tecnológicos que formam sistemas e redes de apoio ao funcionamento de seu dia a dia.

Redes de apoio são peças fundamentais em nossa vida. Um ditado africano diz que "é preciso uma aldeia para criar uma criança". E depois que você vira pai ou mãe, você descobre que essa frase faz um enorme sentido. Sei que o termo "redes de apoio" é normalmente usado para descrever apenas a rede formada por nossas famílias e amigos. Mas a tecnologia ao nosso redor e prestadores de serviço, apesar de não serem percebidos como tal, também ajudam a formar redes de apoio em nossa vida pessoal e empresarial.

Culturalmente, o Brasil usa e abusa das redes de apoio familiar. Filhos dependem financeiramente de seus pais por um longo tempo e saem tarde da casa deles por causa disso. Mesmo quando se mudam, buscam morar perto. Na população de renda mais baixa, filhos constroem suas casas no andar de cima da casa de seus pais. Avós criam netos enquanto pais trabalham. É uma realidade complicada.

Além da família, contamos com mão de obra barata, e, portanto, também contratamos capital humano para reforçar nossas redes de apoio: faxineiras, cozinheiras, passadeiras, babás, folguistas, porteiros etc. É natural que empreendedores brasileiros busquem formar suas redes de apoio também com base em mão de obra barata para fazer suas empresas funcionarem.

A realidade é um tanto diferente em outros países. Em países como o Canadá, os Estados Unidos, a Austrália ou em boa parte da Europa, filhos costumam sair da casa dos pais depois de se formarem no ensino médio. É muito comum também irem morar em outras cidades por causa dos estudos ou oportunidades de trabalho. Desde cedo, você se vira sozinho e aprende a formar redes de apoio de uma forma diferente.

Por exemplo, enquanto casas brasileiras têm quartos de empregada, não existe uma casa norte-americana sem máquina de lavar pratos na cozinha. Enquanto brasileiros contratam diaristas para passar roupas, não existe uma casa canadense sem máquina de secar roupa para evitar que seus donos precisem gastar tempo passando roupas.

Não digo que seres humanos são substituíveis por máquinas, mas são, sim, capazes de ajudar com rotinas domésticas. Máquinas de lavar e de secar roupas, máquina de lavar louça, robôs aspiradores, panelas elétricas, micro-ondas, só para citar os mais comuns. Nos países mais desenvolvidos, a mão de obra é cara e, portanto, só justifica o investimento quando o trabalho é altamente especializado.

No mundo empresarial, de uma forma geral, as redes de apoio são mais restritas. Ter uma rede de amigos empreendedores, mentores ou consultores é sempre bem-vindo, mas sempre será em menor número e nem sempre estará disponível para todo mundo. Consequentemente, muitos empreendedores contam somente com funcionários como suas redes de apoio. Esse é um risco que precisa ser evitado. Parte dessa rede precisa vir da tecnologia, de sistemas digitais.

》 COMECE COM CHECKLISTS

Sei que sistemas podem soar como algo complexo e ultraestruturado em um primeiro momento. Talvez, você queira começar a organizar sua empresa com elementos bem simples, como checklists.

No livro *Checklist*, o autor Atul Gawande conta sobre suas experiências como cirurgião ao tentar solucionar um problema que afeta praticamente todos os aspectos do mundo moderno: como profissionais lidam com a crescente complexidade de suas responsabilidades?

Gawande começa fazendo uma distinção entre erros de ignorância (erros que cometemos porque não sabemos o suficiente) e erros de inaptidão (erros que cometemos porque não usamos adequadamente o que sabemos).

O fracasso no mundo moderno, ele escreve, acontece por causa do segundo tipo de erro. Gawande conta, por meio de uma série de exemplos da medicina, como as tarefas rotineiras dos cirurgiões se tornaram tão incrivelmente complicadas, que erros tornaram-se virtualmente inevitáveis: é muito fácil para um médico competente perder uma etapa do procedimento cirúrgico, ou esquecer de fazer uma pergunta-chave ou, no estresse e pressão do momento, deixar de planejar adequadamente todas as eventualidades.

Gawande, então, estuda como fazem diferentes profissionais de outras áreas, como aviação, engenharia, náutica etc., e volta com uma solução. Os especialistas precisam de checklists (listas de verificação), literalmente guias escritos que os conduzam pelas etapas principais de qualquer procedimento complexo. Na última seção do livro, Gawande mostra como sua equipe de pesquisa adotou essa ideia, desenvolveu uma lista de verificação de cirurgia segura e a aplicou em todo o mundo, com um sucesso impressionante.

Em uma entrevista à estação de rádio NPR, Gawande explicou um pouco sobre essa experiência:

"Trouxemos uma lista de verificação de dois minutos para as salas de cirurgia em oito hospitais", diz Gawande. "Eu trabalhei com uma equipe de pessoas que incluía a Boeing para nos mostrar como eles fazem isso, e apenas garantimos que a lista de verificação tivesse itens básicos e fundamentais: verifique se há sangue disponível, antibióticos."

"E quais foram os resultados?"

"Obtivemos resultados massivamente melhores." Pegamos erros simples e estúpidos. Também descobrimos que um bom trabalho em equipe exigia certas coisas de que esquecemos com muita frequência", relata Gawande.

Por exemplo, garantir que todos da equipe médica na sala de operações se conheçam pelos seus nomes reduziu o número médio de complicações e mortes em 35%.

Eu mesmo adotei checklists no início de minha jornada empreendedora, depois que vivenciei na pele a importância de um checklist. Na época de faculdade, eu tinha uma grande amiga, a Fernanda Valença, que namorava um futuro piloto de avião, o Guilherme.

Um belo dia, a Fernanda me liga e pergunta se eu não quero voar no monomotor da escola de piloto do Guilherme. Era um dia lindo de sol, e ele só precisava de mais uma hora de voo para obter seu brevê. A ideia era sobrevoar o Rio de Janeiro, saindo do bairro de Jacarepaguá e indo até a Região dos Lagos. Eu, obviamente, topei na hora.

Quando chegamos no aeroporto de Jacarepaguá, eu estava com a empolgação lá em cima, a qual foi bruscamente abalada depois de entrar no "super" avião monomotor que tinha uma cabine parecida com um fusca velho.

Nessa fase, Guilherme já voava sozinho. Não precisava de um professor ao seu lado e podia trazer quem quisesse em seu voo. Ou seja, ele já era bastante experiente. Então, o que poderia dar errado, não é mesmo?

Todos a bordo, passageiros e piloto. Guilherme então, já na sua devida posição de piloto, saca uma prancheta com um checklist e começa a ler em voz alta para ele mesmo todos os itens que precisava checar antes de ligar o motor e voar. "Ué, ele não deveria ter decorado isso?", pensei comigo mesmo e fiquei um pouco mais nervoso.

Nessa hora, percebi que o avião já não parecia mais tanto com um fusca. Tinha muito mais coisa que podia dar errado do que em um fusquinha. O painel do avião tinha uma grande quantidade de botões e itens que precisavam ser checados além da pressão dos pneus, nível de gasolina e óleo de um simples carro.

> » "Flaps: check!"
> » "Bomba de combustível auxiliar: desligada."
> » "Manche: livre e alinhado."
> » "Rádio: checado e ligado."
> » "Altímetro: check!"
> » "Giróscopio direcional: check."
> » "Indicadores de combustível: check."

E a lista foi lida pelo que me pareceram ser vários minutos. Eu, que já não curtia muito ler manuais de procedimento de emergência em voos comerciais, achei essa lista muito pior.

Finalmente, chegou a hora de o piloto Guilherme ligar o monomotor. Sim, era um único motor de hélice, o famoso teco-teco. Quando ele leu o comando em voz alta e apertou o botão de ignição, o motor deu uma meia dúzia de giros e morreu. Tec, tec, tec, tec... tec... tec. Pof!

Aquilo não parecia bom. Mas Guilherme não se abalou e leu, novamente em voz alta para ele mesmo, todos os itens novamente. TODOS. Minha empolgação nessa hora já tinha virado uma espécie de ansiedade nervosa com arrependimento de ter topado essa aventura.

Mas, na segunda vez, o motor ligou, e eu tive uma das experiências mais incríveis de minha vida. O Rio de Janeiro visto de cima em um dia de sol é realmente uma das coisas mais bonitas do mundo. Foi então que aprendi a confiar na importância de um checklist e em procedimentos padronizados.

» CRIE SISTEMAS PARA AUTOMATIZAR

Qualquer que seja sua empresa, o primeiro passo para automatizá-la é criar procedimentos, que formarão sistemas, que farão o que você precisa! Esses sistemas formarão a base de sua rede de apoio para operacionalizar sua vida empresarial.

Sem esses sistemas, há uma chance de você se encontrar constantemente apagando incêndios. Exatamente o que você não quer! Portanto, sempre configure uma estrutura e um sistema para as coisas da vida que levariam seu tempo, para que você possa se concentrar em gastar mais tempo onde é realmente necessário.

Sam Carpenter, autor do livro *Work the System*, conta como passou a enxergar sua vida pessoal e profissional como uma série de sistemas que precisavam ser otimizados. Essa visão foi transmitida em seu livro por meio de algumas lições muito interessantes.

Lição 1: O MUNDO RODA EM SISTEMAS, E ELES FUNCIONAM APESAR DOS HUMANOS, NÃO POR CAUSA DELES.

Olhe para o mundo. Por que o planeta inteiro não explode todos os dias? É por causa dos sistemas. Um sistema é qualquer composição de vários componentes que trabalham juntos para atingir um único objetivo. A beleza dos sistemas é que eles tendem naturalmente a ser estáveis e eficientes.

Não estou dizendo que eles são perfeitos. Garanto que você sabe o quão ruim é quando o sistema de seu banco sai do ar. Mas quando um sistema dá erro, ele pode ser corrigido e melhorado para que o problema não volte a acontecer. Esse é outro benefício dos sistemas: eles tendem a melhorar com o tempo.

Existem milhões e milhões de sistemas trabalhando no planeta neste momento, e é por isso que boa parte do mundo funciona sem um "CEO do mundo" centralizando e microgerenciando tudo.

Lição 2: COMECE A SE CONCENTRAR NOS SISTEMAS QUE VOCÊ PODE CONTROLAR E PARE DE RECLAMAR SOBRE OS QUE VOCÊ NÃO PODE.

Como o exemplo do sistema do banco, você pode olhar para outros ao seu redor e dizer: "Mas existem tantos sistemas que não consigo controlar!" Verdade. Mas então por que reclamar deles? Você pode passar o dia todo reclamando de seu banco, do preço do petróleo, da bolsa de valores ou do partido político que está no comando do país. Mas isso não tornará o petróleo mais barato, não fará suas ações subirem ou mudará quem é o presidente.

A verdade é que ninguém tem controle sobre todos os sistemas na vida, o que significa que você não é especialmente prejudicado. O que você pode fazer é criar sistemas para sua vida pessoal e para sua empresa. Esses você pode e deve ter sob controle.

Lição 3: DÊ UM PASSO PARA TRÁS PARA ANALISAR OS SISTEMAS EM SUA VIDA.

A maneira de descobrir o que você pode e não pode controlar é dar um passo atrás e observar os sistemas em sua vida a partir de um olhar de fora. Uma engrenagem dentro de uma máquina nunca sabe nada além das engrenagens diretamente conectadas a ela.

Porém, quando você dedica algum tempo para pensar e refletir, pode ver como as engrenagens individuais se relacionam com o restante da máquina e como todo o mecanismo funciona.

Isso permitirá que você divida os sistemas em processos, com passo a passo (é o que eu faço), e te ajudará a identificar as partes individuais que precisam ser consertadas, otimizadas, automatizadas ou terceirizadas.

Reserve um tempo para dar um passo atrás, observe os sistemas de sua vida de fora, e você terá uma ideia muito melhor de onde precisa atuar para consertar as coisas.

❯❯ FAÇA VOCÊ MESMO

Uma tendência que percebi em pessoas que têm maior sucesso na automação de suas empresas é que elas têm a mentalidade do Faça Você Mesmo. São pessoas curiosas, que não se sentem intimidadas e entendem que precisam estar abertas a testar novas tecnologias para criar empresas automáticas.

Você precisa ser um mestre da informática para fazer isso bem? Claro que não! Mas uma vontade de aprender sobre como ferramentas e mecanismos da internet funcionam pode te colocar muito à frente da transformação digital, em vez de te colocar no banco do passageiro dessa nova era.

Estar antenado, curioso e disposto a testar o novo lhe permitirá ter uma visão mais crítica sobre recomendações e dicas de novas tecnologias. Isso lhe permitirá saber discernir o que vale e o que não vale a pena adotar e adaptar.

Não faça parte do grupo que tem a mentalidade do "faça por mim". Esses grupos se baseiam em dicas do caderno de informática semanal de jornais, têm grande dificuldade em entender sobre tecnologias e grande lentidão na adoção delas.

Se você se identifica com esse grupo e gostaria de fazer parte do grupo que mete as caras, tenho uma dica para você adotar o mindset de automação: comece automatizando sua vida pessoal.

Portanto, saia de sua zona de conforto e siga alguns passos simples. Na minha casa, por exemplo, tenho algumas tecnologias que automatizam tarefas repetitivas: aspirador robô que aspira e passa pano, máquina de lavar louça, máquina de lavar e de secar roupa, termostato inteligente, lâmpadas inteligentes e fechadura inteligente.

A lista é extensa, pois gosto de tecnologia e gosto mais ainda do quanto ela me traz de comodidade e liberdade. Gosto do quanto ela compra meu tempo de volta.

O robô aspirador é talvez o melhor investimento nesse sentido. Eu tenho dois, um em cada andar da casa. Todos eles estão programados para aspirar a casa automaticamente três vezes na semana, sempre nos mesmos dias e horários.

O robô do primeiro andar é mais inteligente, pois usa laser para mapear a casa e assim permitir que eu diga para ele onde aspirar e onde não aspirar. Ele também passa pano e sabe qual é o piso em que deve fazer isso e qual evitar. Um investimento grande, mas que se paga em poucos meses pelo tempo que deixei de gastar fazendo a repetitiva tarefa de aspirar a casa.

Outro equipamento interessante é o termostato inteligente. Minha casa tem ar-condicionado e aquecimento central, então a temperatura é controlada pelo termostato. Digo para ele qual temperatura quero e em qual ambiente estou durante o dia. À noite, a temperatura tem de ser menor, para minha família dormir melhor, e de manhã, um pouco antes de acordarmos, ele esquenta a casa para a gente. Tudo de forma automática, pré-programada. Outra automação são as lâmpadas inteligentes que tenho dentro e fora de casa e que ligam automaticamente quando o sol se põe e desligam quando ele nasce.

Todas essas pequenas automações estão disponíveis para nós por meio de equipamentos inteligentes ou pequenos aplicativos em nossos celulares. Podem ser coisas bobas, que talvez não consideremos grandes automações, mas pelo simples fato de poderem ser programadas e eliminarem a necessidade de realizarmos tarefas recorrentes, já são de grande ajuda.

Meu celular todos os dias entra em modo silencioso após as 20h e só sai desse modo às 8h do dia seguinte. Se não estiver na minha lista de favoritos, a pessoa que me ligar escutará o sinal de ocupado.

Automação é um estilo de vida, é algo que se torna parte da sua forma de pensar. Dá trabalho? Sim, mas só uma vez. Ela é *"set it and gorget it"* (configure e esqueça). Uma vez feito, não precisa mais fazer novamente. Menos decisões em meu dia. Mais automação. Menos estresse. Mais tempo de volta.

≫ NÃO INVENTE, COMPRE PRONTO

Como mencionei anteriormente, melhor do que aprender a desenvolver softwares é aprender a automatizar. E hoje a automação é algo tão crescente e poderoso, que existe uma boa variedade de softwares para você criar automações simples em sua vida. O que quero dizer aqui é que você pode criar automações mais complexas sem mesmo ser um programador. E o melhor de tudo: muitas delas já estão prontas. É como se você pudesse comprar sistemas prontos para criar redes de suporte com poucos cliques.

Um dos melhores e mais famosos softwares é o IFTTT. Seu nome é uma sigla que significa *"If This Then That"*, ou, em tradução livre, "Se Isso Então Aquilo", famosa expressão de linguagens de programação.

O IFTTT (https://ifttt.com/) é um software gratuito que funciona através da internet, ou você pode baixar o aplicativo de celular. Eles têm uma página inteira com sugestões de "receitas de automação" que qualquer um pode facilmente adotar (https://ifttt.com/discover). Se você também quiser conteúdo em português sobre o IFTTT, faça uma busca no Google por "melhores receitas para IFTTT", e uma série de artigos em português te dará várias dicas interessantes.

Entre as inúmeras receitas existentes, tem várias bem legais, que listarei aqui:

- » Quando eu chegar da empresa, colocar meu celular no mudo (para poder dar atenção integral à sua família).
- » Em horários em que tiver reuniões marcadas em minha agenda, colocar meu celular em modo "não perturbe".
- » Se um contato meu no Facebook fizer aniversário, enviar automaticamente uma mensagem de "feliz aniversário".
- » Se a previsão para amanhã for de chuva, mandar uma mensagem me avisando para eu levar o guarda-chuva.
- » Se eu marcar uma mensagem com estrela no meu Gmail, criar um tarefa automática no meu aplicativo de tarefas favorito (ex.: Trello).
- » Se eu mudar minha foto no Instagram, atualizar minha foto do Facebook com a mesma foto.
- » Se o e-mail de um contato importante chegar para mim (ex.: aquele cliente grande), me enviar um SMS avisando para eu dar atenção assim que possível.

Essa lista é uma minúscula demonstração do que é possível. Se você tem iPhone, precisa aprender a usar a Siri Shortcuts; se tem o Android, use o Google Assistant Routines; se você tem um Google Home ou Amazon Echo (Alexa), a lista de possibilidades beira ao infinito.

Para empresas, os principais sistemas já têm integrações entre si, mas nem sempre isso já está pronto, e para evitar custos de desenvolvimento, o melhor software para automatizar rotinas e integrar diferentes softwares se chama Zapier. No Brasil, existe o Pluga (https://pluga.co/), que tem integrações com receitas para automatizar processos entre softwares brasileiros.

No capítulo "Colocando em Prática", listo os principais softwares que recomendo e que você pode integrar via Pluga ou Zapier.

Uma das coisas mais comuns de quem começa a entender as possibilidades da automação é sentir a ansiedade de querer automatizar tudo, integrar todos os processos, mudar a vida da água para o vinho em uma semana. Mas isso não é possível. Primeiro porque automatizar 100% é algo ainda utópico; e depois porque existe uma curva de aprendizado na jornada da automação.

Então, comece pelo básico. Adote softwares que lhe permitam criar automações, plugar serviços ou sistemas como o IFTTT, o Zapier ou o Pluga. O primeiro e mais básico deles é o Gmail (ou o G Suite, se você quiser usar o domínio de sua empresa), para poder automatizar a comunicação por e-mail. Isso significa abrir mão daquele e-mail gratuito que sua hospedagem lhe oferece para partir para algo que lhe dará virtualmente estresse zero.

Em seguida, adote o Google Calendar e também o Google Drive (ou Dropbox). Essa é a base de boa parte das automações que você adotará para as tarefas mais simples.

Não preciso dizer, é claro, que ter um smartphone com Android ou iOS é fundamental também.

Em seguida, adote um software de tarefas como o Todoist e um serviço de armazenamento de arquivos na nuvem como o Microsoft OneDrive, Dropbox ou Google Drive.

Comece a automatizar rotinas que façam com que e-mails importantes virem tarefas, arquivos anexados a e-mails sejam salvos automaticamente no seu serviço de armazenamento na nuvem, seus compromissos criem alertas de lembrança e silenciamento de seu celular, para melhor concentração.

Quando você perceber o quanto simples ferramentas tecnológicas e receitas de automação são capazes de melhorar sua produtividade, reduzir estresse e impactar positivamente seu trabalho, estará criando a base necessária para automatizar sua empresa.

›› UM CASO REAL DE AUTOMAÇÃO

Pavel N. demonstra em seu *Curso de Automações para Airbnb* no Udemy[7] como as automações estão disponíveis para pequenos empresários, e não apenas para as grandes empresas, como muitos de nós pensamos.

Pavel tem alguns imóveis para aluguel na região de Nice, na França, destino de praia comum para turistas no verão europeu, que ele aluga através do Airbnb. Apesar de não ser seu principal negócio, gerenciar esses aluguéis de curta duração estava tomando muito de seu tempo.

---

7 https://www.udemy.com/course/airbnb-automation/

Ele percebeu que estava realizando tarefas repetitivas, como responder a solicitações de aluguel, gerenciar check-ins e check-outs, a limpeza dos apartamentos e a manutenção deles.

Como o negócio se mostrou rentável, ele comprou cada vez mais unidades, até atingir o número de doze propriedades, o que fez com que as tarefas repetitivas estivessem deixando-o maluco e sem tempo para mais nada. Principalmente nos períodos de alta temporada.

Pavel percebeu que ele criou uma pequena imobiliária de um homem só. Ele, então, decidiu que era necessário padronizar e automatizar tudo. E, em suas próprias palavras, ele se tornou obsessivo com automações e decidiu automatizar até mesmo as tarefas pequenas.

O resultado? Pavel ainda é dono de doze unidades, mas atualmente quase não precisa dedicar seu tempo ao gerenciamento delas, pois conseguiu automatizar 90% das tarefas. Se ele quisesse continuar a aumentar esse negócio e possuir centenas de apartamentos, conseguiria fazer isso sem ter de contratar funcionários.

Mas, afinal, quais eram essas tarefas e como ele conseguiu fazer essas automações?

As tarefas eram as seguintes:

1. Atualizar preços. Isso é simples quando se tem poucas unidades, mas muito cansativo. Os preços variam conforme temporadas e concorrência, necessitando de constante atualização.
2. Responder perguntas sobre os imóveis. Quando clientes se interessam por reservar um local no Airbnb, é muito comum que eles enviem mensagens tirando dúvidas, muitas delas idênticas.
3. Comunicação pré-estadia. Uma vez que um cliente reserva um local, é necessário enviar uma mensagem com instruções sobre o uso do local, o que fazer na região etc. Mesmo que seja possível copiar a mensagem, o processo de enviá-las repetitivamente está sujeito a erros e esquecimentos.
4. Controle financeiro. Uma vez que a reserva havia sido feita, Pavel inseria os dados da reserva em uma planilha no Google, para manter um controle de seu fluxo de caixa.

5. Check-in. O processo de check-in era o mais dispendioso, pois Pavel ia pessoalmente receber os hóspedes para lhes dar as chaves do local.

6. Responder perguntas durante a estadia. Era comum que hóspedes enviassem dúvidas durante sua estadia.

7. Check-out. O mesmo problema do check-in se repetia no check-out.

8. Avisar a equipe de limpeza. A equipe de limpeza precisava ser avisada com antecedência, para colocar a limpeza da unidade no cronograma. Algo que também podia ser esquecido ou atrasado.

9. Comunicação pós-estadia. Por último, era importante enviar uma mensagem para os hóspedes agradecendo pela estadia e solicitando uma avaliação no Airbnb.

Como é possível ver, existe uma série de etapas com trabalhos manuais que somavam horas e horas de trabalho para alguém que possui doze unidades residenciais listadas no Airbnb.

Mas agora isso é passado para Pavel. Veremos a seguir como ele automatizou essas tarefas com tecnologias acessíveis a todos nós.

Para a parte do preço, ele usou um aplicativo chamado Wheelhouse,[8] que atualiza preços automaticamente usando Inteligência Artificial. Esse aplicativo se conecta diretamente à sua conta no Airbnb e atualiza o preço com base em alguns parâmetros. Tarefa número 1 resolvida.

Para as perguntas pré-reserva, Pavel analisou todas suas antigas trocas de mensagens e fez uma lista das perguntas mais frequentes. Ele pegou essa lista e colocou todas as perguntas com suas respectivas respostas na descrição das propriedades. Ele realmente turbinou as descrições com perguntas, bullet lists, mapas e tudo o mais que ajudou a criar uma comunicação bem clara. Desta forma, as perguntas foram reduzidas em quase 100%.

Para o envio de mensagens pré-estadia, ele adotou um software chamado Your Porter,[9] que fez com que ele nunca mais precisasse enviar mensagens pré-estadia, pré-check-in ou pós-estadia. Todas as mensagens foram

---

8 https://www.usewheelhouse.com/

9 https://yourporter.com/

automatizadas e são enviadas do e-mail dele, com o nome do hóspede no início da mensagem e usando a língua nativa do hóspede.

Boa parte de tudo que foi resolvido até agora foi feito por meio da automação de comunicação, parte crucial do mundo atual.

Em seguida, era necessário dar entrada automaticamente para a planilha de fluxo de caixa no Google. Apesar de não ter uma conexão direta entre o Airbnb e o Google Planilhas, Pavel pesquisou e descobriu que com o Zapier[10] era possível criar essa conexão. O Zapier permite criar conexões entre aplicativos que não costumam ter conexão direta, mesmo que você não seja um programador.

Mas o Zapier não tem integrações prontas com o Airbnb. Então como resolver isso? Pavel descobriu que o Zapier tem uma ferramenta que é capaz de ler informações em e-mails e jogar em outros aplicativos. Toda vez que uma nova reserva é feita, o Airbnb envia um e-mail padronizado com as informações da reserva, incluindo os valores dela.

Com a ferramenta de leitura de e-mail[11] do Zapier, foi possível passar a ler os e-mails enviados pelo Airbnb e inserir as informações na planilha do Google, extraindo dados como o dia do check-in, dia do check-out, valor pago etc.

A planilha do Google por si só tem também fórmulas que permitem automações de cálculos de valores, indicadores de desempenho e apontamentos para que Pavel tenha uma boa visão dos resultados financeiros e possa tomar decisões melhores em cima deles.

Mas essa é a parte das automações do mundo online. Pavel resolveu ir além e automatizar tarefas relacionadas ao mundo físico do gerenciamento de suas unidades de Airbnb.

Uma das primeiras coisas foi fazer com que seu celular enviasse mensagens automaticamente para sua equipe de limpeza. A maior parte da equipe era composta por trabalhadores mais simples que tinham apenas um celular para se comunicar.

---

[10] https://zapier.com/

[11] https://parser.zapier.com/

Se você tiver um celular que roda Android, é possível usar um aplicativo chamado Tasker.[12] Esse aplicativo permite que você crie pequenas automações como se você mesmo estivesse operando o celular.

O Zapier, quando recebe um e-mail do Airbnb com a data de check-out, ativa o Tasker para enviar uma mensagem para sua equipe de faxina via mensagem de texto dizendo quando é que ele precisa da unidade limpa. A equipe até pensa que quem enviou a mensagem foi mesmo o próprio Pavel.

Agora, para a parte de check-in é que Pavel foi além do convencional.

Hoje em dia, é comum que hóspedes façam o "autocheck-in", ao acessar um pequeno cofre que fica pendurado na porta da casa com um código para abri-lo e pegar a chave da casa. Porém, no caso dos apartamentos do Pavel, essas unidades ficam dentro de prédios que têm portarias, que também ficam trancadas.

Os proprietários dos apartamentos não têm qualquer controle sobre essa portaria, que fica sob responsabilidade do condomínio.

Mas, felizmente, o interfone desse prédio toca no celular do Pavel — isso é algo comum em vários países, inclusive aqui no Canadá —, e devido a essa característica, ele conseguiu usar o Tasker para automatizar isso.

Quando o telefone da portaria liga para o celular dele, o Tasker identifica, atende o telefone, abre o teclado numérico e digita o número para abrir a portaria do prédio. Tudo automaticamente, sem qualquer intervenção humana.

Mas, em um dos prédios em que ele possui uma unidade, o interfone ainda é do modelo antigo, que toca em um telefone dentro do apartamento, e somente ele pode abrir a porta do prédio. Inconformado com isso, Pavel descobriu um eletricista que criava dispositivos para abertura automática sempre que o interfone tocava. Então, ao conectar esse dispositivo ao interfone, bastava alguém ligar para o apartamento que, cinco segundos depois, o botão de abertura da porta era acionado.

Mas para evitar problemas de segurança com isso, Pavel colocou uma tomada inteligente que liga e desliga via Wi-Fi, para poder ligar e desligar esse dispositivo ligado ao interfone. Desta forma, a única coisa que ele precisava fazer é ligar a tomada nos dias de check-in. Para evitar esquecer de desligar esse sistema automático, Pavel colocou um sensor na porta que, ao detectar que a

---

12 https://play.google.com/store/apps/details?id=net.dinglisch.android.taskerm&hl=pt

porta foi aberta (ou seja, o hóspede entrou no apartamento), esse sensor dispara um comando para desligar a tomada inteligente. Desta forma, o dispositivo de abertura automático só fica ligado por um curto período de tempo.

Por último, era necessário resolver as perguntas feitas durante a estadia nas unidades e os casos de pessoas que saíam depois do horário de check--out e criavam problemas para a equipe de limpeza.

Para resolver as dúvidas durante a estadia, Pavel imprimiu e colou em molduras essas informações. Entre elas a senha do Wi-Fi, o horário de check-in e check-out etc.

Ele também programou uma mensagem automática após o check-in para ser enviada ao e-mail do hóspede ressaltando o horário do check-out e a multa cobrada em caso de descumprimento dessa regra. Ele também incluiu uma mensagem falando sobre a multa em caso de perda das chaves, pois esse era um problema recorrente também. Essas simples mensagens foram suficientes para levar a zero o número de perdas de chaves e check-outs após o horário.

O mais interessante de toda essa história é que Pavel conseguiu fazer sozinho o que inúmeras imobiliárias ainda fazem de forma manual empregando inúmeros funcionários para realizar essas tarefas repetitivas todos os dias.

Não é preciso ser uma startup inovadora e nem dispor de muito dinheiro para implementar essa tecnologia. É preciso ser curioso e buscar o espírito do fazer você mesmo.

Olhe para as tarefas manuais e repetitivas que você e seus funcionários fazem, separe-as em tarefas menores e busque tecnologias que lhe permitam automatizá-las.

REFLEXÕES
DO CAPÍTULO 3

» Automatizar é uma das maiores fontes de liberdade do empreendedor.
» Normalmente é possível automatizar 90% de seus processos.
» Comece automatizando de forma gradual.
» Escolha primeiro os processos que lhe causam maior quantidade de estresse.
» Depois, siga para os gargalos de execução.
» Use softwares de automação pensando em formar redes de apoio empresarial.
» Se precisar começar ainda mais simples, crie sistemas por meio de checklists.
» Crie sistemas para tudo o que você pode controlar.
» Automatize sua vida pessoal, faça você mesmo para entender melhor as tecnologias de automação.
» Automação é um mindset, um estilo de vida.
» Não invente automações, compre-as prontas.

TERCEIRIZE

"Domine suas forças, terceirize suas fraquezas."
— Ryan Khan

"Faça o que você faz de melhor e terceirize o resto."
— Peter Drucker

Costumo dizer que a melhor coisa que você pode fazer em sua empresa é terceirizar para uma máquina as tarefas repetitivas. A segunda melhor é terceirizar essas tarefas para seres humanos mais especializadas do que você.

Muitos de nós não nos damos conta, mas já terceirizamos, frequentemente, diversas tarefas de nossa vida. Por exemplo, quando você pede comida de um restaurante, você terceiriza a preparação de sua refeição. Quando você contrata uma faxineira, terceiriza a limpeza de sua casa. Quando você pega um Uber, terceiriza seu deslocamento. Quando coloca seus filhos em uma escola, terceiriza uma parte da educação deles.

Nos primórdios da humanidade, fazíamos todas essas tarefas por conta própria. É claro que já existia algum tipo de divisão de trabalho dentro das famílias, mas a convivência em sociedade nos trouxe oportunidades de terceirização que elevaram nossa produtividade e nos proporcionaram mais conveniência e qualidade de vida.

Em um vilarejo bem-sucedido, era possível encontrar um criador de galinhas, um artesão, um carpinteiro, um serralheiro, o dono da pensão, e assim por diante. Era possível trocar produtos e serviços para se viver uma vida melhor. A evolução dessa troca, somada à criação do dinheiro, formaria a base do que chamamos de comércio e que seria o precursor da revolução econômica e industrial do final do século 19.

Não paramos mais de evoluir de lá para cá. A computação pessoal, somada à internet, trouxe um novo salto no século 21 ao dar grande poder de comunicação e interconectar indivíduos com diferentes habilidades ao redor de todo o mundo.

A chamada *gig-economy*[1] veio para ficar. Trata-se de uma nova forma de trabalho baseada em pessoas que têm empregos temporários ou fazem atividades de trabalho *freelancer*, pagas separadamente, em vez de trabalhar para um empregador fixo.

Hoje você contrata online designers, programadores, secretárias virtuais, tradutores, consultores, redatores e mais o que você quiser. Nas plataformas online de freelancers, você analisa quantidade de estrelas e depoimentos de antigos clientes, realiza o pagamento e recebe o dinheiro de volta se não receber o serviço ou ficar insatisfeito com o resultado final.

Mas, apesar de a terceirização já ocorrer de forma bastante abrangente em nossa vida pessoal, mesmo sem que você se dê conta disso, o mesmo não costuma ocorrer em nossa vida profissional. Para os que se tornam empreendedores então, algo estranho costuma acontecer: se transformam em super-heróis, capazes de fazer tudo e dar conta de todas as tarefas que uma empresa exige.

O empreendedor comumente se gaba dizendo que faz o trabalho de boy, de secretária, de vendedor, de financeiro, de compras e até de dono do negócio, quando lhe sobra algum tempo. Acredita fortemente que o excesso de horas trabalhadas é um diferencial que um dia lhe renderá bons frutos.

Não percebe que se achar capaz de dar conta de tudo é uma das grandes fontes de fracasso empresarial, tanto pelo aspecto físico quanto pelo mental.

Somos seres humanos, temos limites. O tempo é o primeiro e maior deles. A incapacidade de executar tudo alimenta uma lista de tarefas que

---

1 https://whatis.techtarget.com/definition/gig-economy

só faz aumentar, o que nos leva a crises de ansiedade e depressão, o maior mal do nosso tempo.

De acordo com um estudo de 2015 feito por Michael Freeman, um professor clínico na Universidade da Califórnia, um total de 49% dos empreendedores norte-americanos participantes da pesquisa reportou sofrer algum tipo de doença mental. Trinta por cento dos pesquisados citaram depressão, em comparação com 7% da população dos Estados Unidos.[2]

E, mesmo com dados alarmantes, muitos consideram que não existe outra forma de se tocar uma empresa quando se tem um orçamento limitado. A maior parte de nós não percebe que nosso tempo tem um custo alto, em diversos aspectos.

Segundo Ash Maurya,[3] autor do livro *Running Lean*, o tempo é nosso recurso mais escasso. Outros recursos, como dinheiro e pessoas, podem flutuar para cima e para baixo, mas o tempo só se move em uma direção.

Infelizmente, a maioria das pessoas ainda valoriza o dinheiro mais do que o tempo e toma decisões com base no valor presente do dinheiro versus o valor futuro de seu investimento em tempo.

Mas qual é o valor de seu tempo?

›› QUANTO VOCÊ CUSTA

Você já parou para pensar quanto você custa para sua empresa? Quanto custa sua hora? Quanto vale uma hora de seu estresse?

A maioria absoluta dos empreendedores acredita que sua hora é de graça. Acham que não custa nada para a empresa. Essa é uma confusão comum, que tem sua raiz na mistura do bolso do empreendedor com o bolso da empresa. Sabe aquela famosa frase "no final das contas, sai tudo do meu bolso mesmo"? Pois é, ela é péssima.

Digamos que você consiga enxergar que o bolso da empresa é diferente do seu, e, por esse motivo, sua empresa lhe paga um valor fixo mensal, seja via pró-labore ou distribuição de lucro antecipada. Você também entendeu

---

[2] https://www.inc.com/zoe-henry/4-ways-to-navigate-highs-and-lows-building-a-business.html

[3] https://blog.leanstack.com/the-true-value-of-your-time-194862bd725

que precisa se pagar um valor justo de mercado, capaz de lhe dar uma remuneração que proporcione uma boa qualidade de vida.

Vou supor que esse valor seja de R$15 mil. Portanto, em uma conta rápida, se você trabalha 8 horas por dia e 22 dias úteis no mês, em média, você custa R$85,00 por hora. Vou aproveitar e inserir encargos e benefícios para arredondar esse valor para R$100,00. Pronto, esse é o seu custo por hora.

Agora, vamos imaginar que apareceu uma daquelas situações em que um funcionário de sua empresa comete um erro. Você fica bravo e assume a tal tarefa que seu funcionário estava fazendo. Essa tarefa acaba por lhe tomar dois dias de trabalho. Ou seja, ela lhe custou R$1,6 mil. Assim, de bobeira.

Agora insira aí o custo do funcionário que não fez a tarefa dele, mas para quem você pagou o salário normalmente — por culpa sua, que reagiu de forma exagerada e não aproveitou a situação para ensiná-lo — e você eleva facilmente esse custo a R$2 mil.

Porém, com esse estresse a mais, você deixou de fechar novas parcerias ou prospectar novos clientes. Também rolou aquela acentuada na sua úlcera e você perdeu o jogo de futebol de seu filho ao qual você tinha prometido ir. Já chegamos em quanto mesmo? Se R$ 2 mil já era bastante dinheiro, agora então ficou até complicado de calcular.

Para piorar, em média, esse tipo de situação acontece pelo menos uma vez por semana em sua empresa. Ou seja, você joga fora em torno de R$8 mil por mês.

Eu, pessoalmente, já realizei essa conta com diversos amigos empreendedores, e o cálculo acima não é irreal. Pelo contrário, ele é conservador. Já calculei perdas acima de meio milhão de reais por ano com situações semelhantes.

Essa conta pode ser assustadora para você, mas o fato é que ela pode piorar ainda mais. Isso porque, ao colocar inúmeras atividades nas suas costas, você se torna centralizador e, consequentemente, um grande gargalo na velocidade de operação e de crescimento de sua empresa.

Portanto, pode-se dizer que seu custo é muito maior do que R$100 a hora. Você vale fácil 10 vezes mais do que isso. Manter sua capacidade criativa, capaz de solucionar problemas, exige tempo livre, pequenos momentos de distração, tempo com a família e os amigos etc.

Portanto, você precisa se valorizar, manter em mente que sua hora custa caro. Que você não pode, e não deve, carregar tudo nas costas. Se você continuar fazendo isso, sua empresa ou sua saúde acabarão falindo.

Na próxima vez que acontecer uma situação como a que citei, pense que, se você pegar aquela tarefa para si próprio, custará caro. Garanto que rapidamente você desistirá de ficar colocando qualquer problema nas suas costas.

Existe uma série de fatores que demonstram que contratar empresas ou freelancers terceirizados é uma boa solução. Mas antes é preciso preparar seu mindset para isso em alguns aspectos.

❯❯ NÃO TENHA MEDO DAS MICROPERDAS

Terceirizar é, antes de mais nada, delegar. Delegar responsabilidades, tarefas, processos, rotinas e procedimentos que mantêm sua empresa operando. Para quem é o pai do negócio, é normal pensar que tudo isso são funções vitais e qualquer mal funcionamento pode significar a morte de sua empresa. Só que não é bem assim. Existe muito exagero, muita tempestade em um copo d'água de uma forma geral.

Gary Vee, autor, empreendedor e digital influencer, disse em um de seus podcasts que um dos segredos de seu sucesso é não ter medo de microperdas. Gary se referia ao risco envolvido ao delegar tarefas e rotinas para terceiros, sejam eles funcionários ou prestadores de serviços/freelancers.

Uma microperda é algo normal. Acontece. E como o próprio nome diz, é algo pequeno, geralmente fácil de corrigir, que pode ser aprendido e evitado com pequenos ajustes. Ela não mata seu negócio instantaneamente.

Mas é bem provável que, para você, empreendedor centralizador, uma microperda seja aquele tipo de erro que te faz reagir como se sua empresa fosse acabar por causa daquilo.

Você, então, retira a responsabilidade do funcionário, mas o mantém na empresa com uma coisa a menos para fazer, enquanto acumula mais uma responsabilidade nas suas costas. Aquela que custa hipoteticamente R$1,6 mil, lembra?

Todos os dias, o medo de uma microperda te deixa mais sobrecarregado, e assim, você entra em um ciclo que vai lentamente afundando você e sua empresa.

O que complica ainda mais esse problema é a falsa impressão de que dentro de casa é mais fácil reduzir esses riscos. Tanto que você relaxa no processo de seleção. Aceita certos defeitos com a visão de que "esse candidato não é muito bom, mas tem potencial; vou eu mesmo treiná-lo para ele se tornar o melhor funcionário do mundo".

Aí o tal treinamento não acontece, porque você já acumulou dezenas de pequenas tarefas de outros funcionários e não tem tempo para nada. E nas oportunidades ideais para esse treinamento ocorrer, que é quando as microperdas acontecem, você não aproveita para ensinar. Não é à toa que o potencial melhor funcionário do mundo está encostado navegando no Facebook o dia inteiro.

Microperdas são como as quedas que seu filho tem quando está aprendendo a andar de bicicleta. Há algumas em que não acontece nada, e outras que resultam em um arranhão, talvez um pouco de sangue, mas não passa disso. E sem elas, ele nunca conseguiria tirar as rodinhas de apoio da bicicleta.

Se a cada queda dele você tivesse um infarto e decidisse retirar dele a bicicleta para evitar novas quedas, ele nunca aprenderia a andar de bicicleta e se tornaria um adulto frustrado. Portanto, um dos elementos fundamentais para o mindset do empreendedor que terceiriza é não ter medo das microperdas.

Elas são micro, talvez pequenas, mas apenas isso. Ou melhor, mais do que isso, elas são macro-oportunidades de aprendizagem e melhorias.

O que você realmente não pode terceirizar é a mágica, aquele toque que só você sabe dar, aquilo que vale muito dinheiro e é o que permitirá que sua empresa crie sempre algo novo, se reinvente, se mantenha competitiva e à frente da concorrência.

Sabe o que mais você não pode terceirizar? Ser pai ou mãe, ser marido ou esposa, filho ou filha. Você não pode terceirizar sua saúde, sua sanidade mental, seus pequenos prazeres fora do ambiente de trabalho.

Portanto, foque suas forças e habilidades, aquilo que você mais pode contribuir, sua vida profissional e, principalmente, sua vida pessoal. Todo o resto, terceirize.

>> ELIMINE A FADIGA DE DECISÃO

Delegar (ou automatizar) apresenta outro tipo de efeito grande sobre empreendedores: lhe ajuda a reduzir, ou até mesmo eliminar, a chamada fadiga da decisão.

Imagine que você está no final de seus exercícios na academia e mal consegue andar até o próximo aparelho para finalizar a última série. Seus músculos sofrem de fadiga, e você está pronto para desistir. Suas habilidades físicas foram esgotadas. O mesmo conceito pode ser aplicado às suas habilidades mentais! O excesso de decisões sobrecarrega seu cérebro e causa a fadiga da decisão.

A síndrome do pânico que desenvolvi foi causada pelo excesso de decisões que eu precisava tomar. Estar envolvido em muitos negócios, com inúmeras responsabilidades, centralizando inúmeras tarefas e decisões me esgotou mentalmente.

Você sabia que o ex-presidente Barack Obama e Mark Zuckerberg usam basicamente a mesma roupa todos os dias para reduzir a tomada de decisões? Obama usava um terno cinza ou um terno azul. Zuckerberg usa uma camiseta cinza. Como Obama disse à *Vanity Fair* em 2012, administrar sua vida como presidente exigia cortar as decisões mundanas e frustrantes. "Você verá que eu uso apenas ternos cinza ou azuis", disse ele. "Estou tentando reduzir as escolhas. Não quero ter que escolher sobre o que estou usando porque tenho muitas outras decisões a tomar."

Zuckerberg se inspirou em Steve Jobs depois de perceber que o empresário sempre usava uma camiseta preta e jeans. Em várias entrevistas ao longo dos anos, ele mencionou que prefere aplicar sua capacidade mental para tomar decisões sobre a melhor forma de atender a bilhões de pessoas, em vez de se concentrar em escolhas insignificantes.

A fadiga de decisão refere-se à ideia de que sua força de vontade ou capacidade de fazer boas escolhas se deterioram em qualidade após um longo período de tomada de decisão. Simplificando: quando você precisa tomar decisões difíceis ao longo do dia, é fácil fazer más escolhas ao final do dia.

Fadiga da Decisão

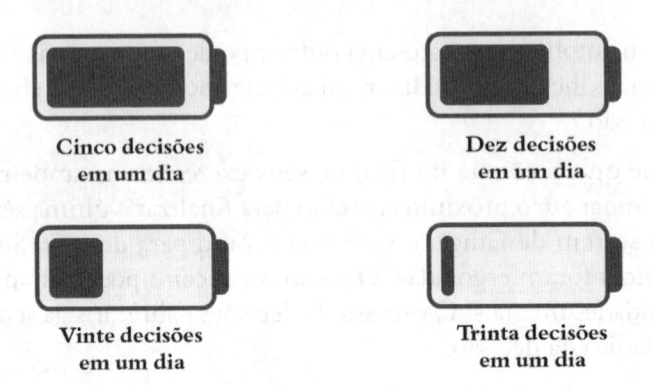

Cinco decisões em um dia

Dez decisões em um dia

Vinte decisões em um dia

Trinta decisões em um dia

Um caso real sobre a fadiga da decisão conta que três homens que cumpriam pena nas prisões israelenses apareceram diante de um conselho de liberdade condicional composto por um juiz, um criminologista e uma assistente social.

Os três prisioneiros haviam cumprido pelo menos dois terços de suas sentenças, mas o conselho de liberdade condicional concedeu liberdade a apenas um deles. Adivinhe qual:

» Caso 1 (ouvido às 8h50 da manhã): um israelense árabe cumprindo uma sentença de trinta meses por fraude.

» Caso 2 (ouvido às 15h10): um israelense judeu cumprindo uma sentença de dezesseis meses por agressão.

» Caso 3 (ouvido às 16h25): um israelense árabe cumprindo uma sentença de trinta meses por fraude.

Havia um padrão nas decisões do conselho de liberdade condicional, mas não estava relacionado às origens étnicas, crimes ou sentenças dos homens. Era tudo questão do horário da decisão, como descobriram os pesquisadores analisando mais de 1.100 decisões ao longo de um ano.[4]

---

4 https://www.pnas.org/content/108/17/6889

Os presos que apareciam no início da manhã receberam liberdade condicional em cerca de 70% das vezes, enquanto aqueles que apareciam no final do dia recebiam liberdade condicional em menos de 10% das vezes.

Não havia nada de malicioso ou até incomum no comportamento dos juízes, relatado no início deste ano pelos pesquisadores Jonathan Levav, de Stanford, e Shai Danziger, da Universidade Ben-Gurion. O julgamento errático dos juízes foi devido ao risco ocupacional de ser "o decisor".

O trabalho mental de decidir, caso após caso, a pena que cada indivíduo merecia acabou com eles. Esse tipo de cansaço de decisão pode tornar os jogadores de futebol propensos a escolhas duvidosas no final de um jogo ou CEOs a decisões erradas ao final de um dia de trabalho.

Rotineiramente, o cansaço distorce o julgamento de todos, executivos e não executivos, ricos e pobres. No entanto, poucas pessoas estão cientes disso, e os pesquisadores estão apenas começando a entender por que isso acontece e como combater esse fenômeno.

Não importa o quão racional e motivado você tente ser, não pode tomar decisões após decisões sem pagar um preço biológico por isso. É diferente do cansaço físico comum, em que você não está consciente de estar cansado, mas está com pouca energia mental.

Quanto mais escolhas você fizer ao longo do dia, mais difícil isso se torna para seu cérebro e, eventualmente, ele procura atalhos, geralmente de duas maneiras muito diferentes. Um atalho é tornar-se imprudente: agir impulsivamente, em vez de gastar a energia para pensar primeiro nas consequências.

O outro atalho é o melhor economizador de energia: não faça nada. Em vez de se agoniar com as decisões, evite qualquer escolha. Evitar uma decisão geralmente cria problemas maiores em longo prazo, mas, no momento, alivia a tensão mental.

Hoje nos sentimos sobrecarregados porque há muitas opções. Um usuário típico de computador olha para mais de três dezenas de sites por dia e fica cansado pela contínua tomada de decisões: ao tentar continuar trabalhando em um projeto, dá suas escapadas e confere o site de notícias, clica em um link para o YouTube ou compra algo na Amazon.

O efeito cumulativo dessas tentações e decisões não é intuitivamente óbvio. Praticamente ninguém tem uma noção de quão cansativo é decidir. Grandes decisões, pequenas decisões, todas elas se somam.

Escolher o que comer no café da manhã, aonde ir nas férias, quem contratar, quanto gastar: tudo isso esgota, e não há sintoma revelador de quando essa força de vontade é baixa. Não é como ficar sem fôlego ou ter uma cãibra durante uma maratona.

Demorei bastante para entender isso. Na verdade, vivi durante muitos anos tomando decisões ao final do dia de trabalho. Principalmente quando ainda trabalhava no modelo presencial e no horário comercial. Era muito comum que eu ficasse lutando com o trabalho durante toda a tarde, e ao final do dia eu decidia meia dúzia de coisas só para poder ir para casa.

Hoje meu melhor trabalho acontece de manhã. Meu primeiro bloco de trabalho geralmente vai das 10h às 13h. À tarde, faço trabalhos pouco desafiadores, mais voltados para leitura, pesquisa ou estudo. Nada de decisões.

"A boa tomada de decisão não é uma característica da pessoa, no sentido de estar sempre lá", diz Roy Baumeister, autor do livro *Força de Vontade*.[5] "É um estado que flutua." Seus estudos mostram que as pessoas com o melhor autocontrole são as que estruturam a vida para conservar a força de vontade.

Elas não agendam inúmeras reuniões consecutivas. Elas evitam tentações como buffets à vontade e estabelecem hábitos que eliminam o esforço mental de fazer escolhas. Em vez de decidir todas as manhãs se forçar ou não a se exercitar, elas estabelecem compromissos regulares para malhar com um amigo. Em vez de contar com a força de vontade para permanecer robusta o dia todo, elas a conservam para que esteja disponível para emergências e decisões importantes.

Hoje, em retrospecto, tenho certeza de que minha crise de pânico foi causada por uma grande fadiga de decisões. Ser responsável por tantos projetos e negócios me fazia ter de tomar decisões constantemente e não ter energia conservada para emergências e decisões importantes. Meu pânico começou para valer quando dois de meus negócios tiveram momento difíceis e emergenciais que me exigiram ir além do que eu tinha disponível mentalmente naquele momento.

---

5 https://www.amazon.com/Willpower-Rediscovering-Greatest-Human-Strength/dp/0143122231

No livro *Trabalho Focado: Como ter Sucesso em um Mundo Distraído*, o autor Cal Newport diz que quem você é, o que pensa, sente e faz é a soma daquilo em que você se concentra. O que escolhemos focar e o que escolhemos ignorar atua diretamente na qualidade de nossa vida.

Hoje em dia, digo muito "não" e foco as poucas decisões alinhadas com meu desejo de ter tempo livre e liberdade geográfica.

Por isso é tão importante tomar uma grande decisão capaz de eliminar todas as demais decisões. Escolhi a automação e terceirização usando tecnologias online para capturar mais tempo. Para mim, o que importa é ter tempo. O maior ativo do mundo atual. O maior fator de qualidade de vida e liberdade que alguém pode ter.

≫ A COMODITIZAÇÃO DA CONFIANÇA

Enquanto escrevo este capítulo, estou hospedado em uma casa em Prince Edward County, região sul da província de Ontario, para curtir alguns dias do verão canadense. Aluguei esta casa no Airbnb, graças às belas fotos e excelentes opiniões de quem se hospedou aqui anteriormente. Também curti o fato de os anfitriões serem super-hosts, uma classificação específica para donos de imóveis experientes com bom histórico na locação de suas casas na plataforma do Airbnb. Da mesma forma que recebi bem a casa, estou cuidando bem dela, afinal, também serei avaliado pelos donos da casa ao final de minha estadia.

O que é mais interessante nisso tudo é que não conheci pessoalmente os anfitriões e nem mesmo sabia quem eles eram. Mesmo assim, aluguei a casa deles (e eles a alugaram a mim), por mais que fôssemos desconhecidos uns aos outros.

Graças ao Airbnb, tive a confiança de fazer isso: me hospedar na casa de um completo estranho. Algo que antes era restrito a hotéis. Afinal, as redes de hotéis, com suas marcas e sua reputação mundial, eram, até então, a única forma de viajar e nos hospedar em diferentes lugares ao redor do mundo com a confiança de que um serviço de qualidade seria prestado. Mas, com sites como o Airbnb, essa confiança restrita a hotéis começou a ser desafiada.

Ela foi o grande trunfo do Airbnb. A sua real oferta de valor para ambos os segmentos de mercados atendidos: hóspedes e anfitriões. No passado, hotéis podiam ser infinitamente mais inconvenientes, caros e impessoais do que ficar na casa de outras pessoas, mas não importava. A confiança na experiência entregue por hotéis falava mais alto.

Em outras palavras, ao criar uma plataforma de confiança, o Airbnb não tornou a estadia em casas mais confiável, mas retirou a exclusividade dessa vantagem competitiva dos hotéis. Essa vantagem foi neutralizada, permitindo que a estadia em casas competisse por conveniência, preço e localização.

O ponto-chave aqui é esse: sem o Airbnb, eu não estaria aqui fazendo essa viagem. Talvez estivesse em outro destino ou viajando em outro formato, mas não teria essa experiência de ficar em um cottage canadense com o verdadeiro clima de férias de verão do hemisfério norte-americano.

No passado, cidades eram vilas onde todo mundo conhecia uns aos outros. Nós nos sentíamos pertencentes a algo maior, nos sentíamos em casa. Mas com o crescimento das cidades e a Revolução Industrial, esses sentimentos de confiança e senso de pertencimento foram trocados por serviços em massa e experiências impessoais. Nós também paramos de confiar uns nos outros e, ao fazer isso, perdemos a noção do que significa ser uma comunidade.

Todas essas questões se aplicam a outras plataformas digitais, como o Uber e Mercado Livre, e principalmente a plataformas de freelances, como Upwork, Fiverr, Workana, 99Freelas. Essas plataformas podem ajudar a terceirizar tarefas e funções de sua empresa para um exército de profissionais ao redor do mundo, pois você poderá confiar neles.

Então que fique claro aqui: o que faz essas plataformas funcionarem e serem amplamente adotadas por nós não são seus aplicativos mobile, sua tecnologia na nuvem e todo o resto. O que vale aqui é o processo criado para gerar confiança em estranhos que você nunca antes conheceu ou de quem nunca ouviu falar.

≫ A REVOLUÇÃO DA INTERNET

A revolução da internet se provará ser tão transformadora quanto a Revolução Industrial no longo prazo. A meu ver, não nos tornaremos apenas mais produtivos, mas todo o *modus operandi* da nossa sociedade será modificado. Ainda não está totalmente claro, mas se a Revolução

Industrial nos levou da agricultura de subsistência no campo para fábricas em cidades, para onde iremos a seguir? Uma das respostas para essa pergunta é a chamada economia compartilhada: um mundo de confiança comoditizada necessita muito menos da estrutura da sociedade moderna, incluindo setores ineficientes em que até então o principal diferencial era a confiança depositada em suas marcas ou no Estado regulador impondo essa confiança.

Por exemplo, antigamente, para você alugar a casa de outra pessoa, teria de fazer isso por meio de contratos de locação de longo prazo, contratação de advogado e uso de garantias estabelecidas e controladas por lei.

Hoje, é possível alugar casas por longos períodos com menos burocracia e controle graças à inovação de startups como a QuintoAndar, que informa em seu site: "Alugue rápido, sem fiador ou depósito caução. Agende visitas online, feche negócio direto com o proprietário e assine um contrato digital: nada de fila no cartório."

Esse novo tipo de economia compartilhada também começou a pesar mais sobre a indústria automobilística, já que a grande penetração do Uber ao redor do mundo tem feito com que as novas gerações não desejem mais comprar um carro para poder se deslocar. Isso não impactará apenas fabricantes de automóveis, mas toda a cadeia que gira em torno deles: seguradoras, concessionárias, mecânicas e muito mais.

Ainda mais profundamente, isso afetará as pessoas. Elas estarão menos amarradas e mais propensas a mudar, especialmente se o trabalho se tornar tão transacional quanto os serviços de hospedagem e transporte estão se tornando. E, por último, nossas relações mudarão, saindo da necessidade de viver em cidades caóticas e caras para uma sociedade mais global e espalhada.

Todo esse movimento impacta diretamente o tipo de empresa que você pode e deve construir. O que hoje já é uma alternativa para criar uma empresa mais leve e menos amarrada, sem escritórios físicos, sem funcionários fixos etc., muito em breve se tornará obrigatório, pois essa demanda virá do lado de quem quer trabalhar para você.

A nova geração pode parecer mimada por um lado, mas ela é genuína por outro: ela quer trabalhar onde se sente feliz, com as regras e a relação de trabalho que permitem buscar algo mais realizador do que apenas "pagar as contas".

Em 2011, escrevi um artigo chamado "O Empreendedorismo Inevitável".[6] Nele eu abordava como todos em algum momento do futuro nos tornaremos empreendedores pelas diversas forças crescentes que estão criando uma nova sociedade.

A internet é a espinha dorsal dessa transformação. A informação são os impulsos elétricos que se movem através dela. Só é possível surfar essa onda se você estiver digitalizado, e se assim estiver, poderá automatizar a maior parte de seus processos. Tudo aquilo que não for possível terceirizar para uma máquina, conte com um exército mundial de profissionais qualificados que já estão vivendo na nova economia, com a faca nos dentes para entregar um resultado muito maior do que a maior parte de seus funcionários hoje entregam.

O quanto antes você começar a terceirizar tarefas para freelancers em plataformas como a Upwork, Workana ou o 99Freelas, mais rapidamente terá um grupo de diferentes fornecedores confiáveis. Mais adiante neste livro, citarei fontes para encontrar bons freelas.

Graças à minha rede de freelas, deixei de gastar horas minhas e foquei o que me dava prazer e onde eu tinha capacidade de gerar maior retorno para meu negócio. Tive mais tempo para ficar com minha família, dar uma volta de bicicleta, ler um livro, pensar em um novo negócio, achar uma solução para um problema complicado, viajar para diferentes lugares e resolver pequenas tarefas domésticas, como cuidar do jardim.

Graças a eles, deixei de ter de recrutar funcionários, assinar carteira de trabalho, pagar encargos sociais para um sistema previdenciário falido, gastar dinheiro de multas rescisórias por demitir sem justa causa, gastar tempo motivando e treinando, comprar equipamento, alugar escritório etc.

Terceirize e seja feliz. Eu sei, é piegas, mas é a mais pura verdade.

▶▶ PAGUE POR PRODUTIVIDADE, NÃO POR DIA DE TRABALHO

Não me cansarei de dizer que controlar um fornecedor é mil vezes melhor do que fazer o mesmo com um funcionário. Para começo de conversa, o

---

6 https://medium.com/@dpereirabr1/o-empreendedorismo-inevit%C3%A1vel-8-ind%C3%ADcios-de-que-em-breve-todos-n%C3%B3s-seremos-empreendedores-d1b2a9382356

funcionário é controlado por dia de trabalho, já o fornecedor é controlado pela qualidade das entregas. Uma enorme diferença.

Uma das coisas mais importantes para se ter liberdade em sua empresa é permitir que você e seus funcionários trabalhem remotamente, o que torna a modalidade de trabalho por horas muito mais complicada de controlar.

Além disso, um fornecedor ruim você despede sem ter encargos sociais, sem aquele vínculo emocional que você cria com quem passa a conviver com você diariamente. Se o trabalho dele for ruim, você diz "hasta la vista, baby" sem dor.

Fornecedores, sejam eles freelancers ou empresas prestadoras de serviço, precisam eles mesmos se automotivar, se capacitar, satisfazer clientes para que novos contratos sejam firmados para continuar gerando renda. Ou eles melhoram ou eles morrem. Ou eles se abrem aos feedbacks dos clientes para os satisfazer ou eles morrem. Ou eles buscam se destacar em prazo e qualidade ou eles morrem. É simples assim.

Estou dizendo com isso que todos os freelancers/fornecedores são perfeitos? Claro que não. Sempre existem clientes dispostos a aceitar baixa qualidade e falta de profissionalismo, infelizmente. Mas você não precisa ser um desses. Exija alta qualidade, pague por ela e receba algo à altura.

Portanto, estou falando para você não contratar aquele seu sobrinho que faz o serviço baratinho. Estou falando para buscar profissionais de calibre. Procurar indicações de quem é exigente também. Fazer um processo de seleção bem feito, testar até encontrar o freela ideal.

É muito comum que a gente busque constantemente soluções baratas, em vez de soluções de qualidade. Eu mesmo já sofri com isso algumas vezes. Já troquei um software de automação internacional de excelente qualidade por uma solução brasileira mais barata que me custou mais de R$300 mil em perdas de receita. Mas também já troquei freelancers baratos por freelancers que custavam dez vezes mais caro, porém faziam o trabalho em um décimo do tempo e com maior qualidade.

Em 99% dos casos, tive mais sucesso com softwares ou freelancers mais caros. É um caminho de constante busca e aprendizado, mas saiba que, ao final dele, a qualidade vence, pois é ela quem lhe trará liberdade e menos estresse.

➤➤ TERCEIRIZE TAMBÉM PARA SEUS CLIENTES

Apesar de pensarmos em terceirização como uma estratégia que devemos solucionar com fornecedores, também podemos pensar fora da caixa e terceirizar partes do trabalho de sua empresa para seus próprios clientes.

Sei que parece loucura, mas você pode, e deve, fazer com que seus clientes façam parte de seu trabalho. Essa estratégia visa reduzir seu custo e o estresse operacional. Por exemplo, no caso da automação do gerenciamento de tarefas do Airbnb, Pavel fez com que seus hóspedes façam check-in por conta própria, leiam instruções e dúvidas mais frequentes.

A fabricante e varejista sueca de móveis IKEA, que vende mobiliário, terceiriza para os clientes a montagem de seus móveis. Isso reduz custos de mão de obra e de transporte. Caso o cliente deseje o serviço de montagem, é preciso pagar um preço bem alto. Às vezes, tão caro quanto o próprio móvel comprado. No Brasil, a Tok&Stok e a Etna adotam a mesma estratégia.

Em um primeiro momento, isso pode parecer um abuso, mas existe um lado positivo para o consumidor também. O menor custo é o principal. Mas existe também a satisfação de ter feito a montagem de seu próprio móvel. Essa participação no resultado final faz com que clientes da Ikea tenham orgulho do resultado final. Mais do que um objeto de design e funcionalidade, os móveis da IKEA também representam uma realização. Isso é conhecido como Efeito IKEA.[7]

Esse efeito foi identificado e nomeado por Michael I. Norton, da Harvard Business School, Daniel Mochon, de Yale, e Dan Ariely, da Duke, que publicaram os resultados de três estudos em 2011. Ele é um viés cognitivo no qual os consumidores atribuem um valor desproporcionalmente alto aos produtos que eles criaram parcialmente.

O preço dos produtos da IKEA é baixo, em grande parte porque eles tiram a mão de obra da equação. Com uma chave de fenda Phillips, uma chave Allen e um martelo, seus clientes podem literalmente mobiliar uma casa inteira. E o que acontece quando o fazem? Eles "se apaixonam"

---

[7] https://thedecisionlab.com/biases/ikea-effect/

por suas criações. Mesmo com todas as dificuldades e desafios da montagem, os clientes se orgulham dos frutos de seu trabalho.

Em parte, isso é possível por causa de manuais de instrução bem elaborados. É o que fazemos na LUZ com nossas planilhas. Criar manuais é trabalhoso inicialmente, mas reduz drasticamente a necessidade de suporte posterior. Quando passamos a fazer vídeos explicativos sobre o uso das planilhas e disponibilizá-los no YouTube, o resultado foi ainda melhor.

Outra empresa que utiliza o mesmo efeito na oferta de valor de seus produtos é a Lego. A fabricante de brinquedos baseada em um sistema de blocos de construção exercita o mesmo tipo de percepção de valor em seus clientes. Mais do que o brinquedo em si, a participação no resultado alcançado com sua construção é o que conta. Novamente, a qualidade do manual de montagem da Lego é um de seus grandes trunfos para obter esse efeito.

Por isso, é essencial que empresas tenham um processo de montagem claro e livre de frustrações. O truque é encontrar o nível certo de esforço. Pouco esforço, e o orgulho por parte do consumidor será pequeno; muito esforço, e o produto será visto como inconveniente ou irritante.

Décadas atrás, as misturas prontas para bolos vendidas em supermercados vendiam pouco, até que os consumidores foram instruídos a adicionar um ovo à mistura. Aparentemente, essa pequena mudança foi suficiente para dar aos confeiteiros domésticos a sensação de que estavam realmente envolvidos no processo de confeitaria, e as vendas dispararam.

As misturas reformuladas ainda economizavam tempo e esforço, em comparação com o cozimento a partir do zero, mas o pequeno esforço de adicionar um ingrediente importante foi suficiente para mudar a maneira como o produto era visto. A lição é que permitir que seu cliente participe da criação do produto final, mesmo que em pequena escala, pode ser uma chave para o sucesso de vendas.

O cliente que consegue descobrir por conta própria como utilizar um produto se sente orgulhoso e satisfeito. O domínio do produto também é melhor, pois ele fixa mais do que se alguém tivesse feito por ele. Portanto, use a terceirização para clientes como uma forma de reduzir custos e aumentar a satisfação.

≫ AUTOMATIZAR > TERCERIZAR

Conforme já mencionei, em um passado não muito distante, artesãos deram início ao que conhecemos e chamamos de comércio. Antes da criação da moeda, o escambo de produtos ou serviços, frutos de diferentes habilidades, permitia que a vida em sociedade prosperasse.

Você podia ser um criador de galinhas, um marceneiro ou talvez um serralheiro. Sua habilidade permitia que você trocasse produtos e serviços com outros pequenos artesãos ou fazendeiros para garantir alimentação e alguns utensílios fundamentais para seu dia a dia.

Um artesão, quando trabalhava sozinho, era o único responsável por comprar, utilizar e manter seus equipamentos em bom estado. Ele era responsável por fazer as compras de insumos, negociar com fornecedores, atender e vender para clientes etc. A capacidade de delegar permitia aumento de escala, pois o que antes era feito por um único homem passava a ser feito por outros mais.

A delegação natural sempre foi para pessoas próximas e de confiança. A família foi sempre fonte de mão de obra extra e a primeira opção para ajudar no trabalho que gerava sustento. A empresa familiar foi provavelmente o primeiro tipo de empresa que existiu. E talvez ainda seja, nos dias de hoje, uma das mais comuns ao redor do mundo.

Os pequenos empreendedores, para poderem se concentrar em sua principal habilidade e aumentar sua produção, terceirizavam outras tarefas a outras pessoas. Terceirizar para humanos é um caminho natural. Afinal, somos humanos. Temos amigos e familiares que podem nos ajudar.

A invenção do papel-moeda facilitou a evolução do comércio, uma vez que ele trazia um valor quantificável às transações comerciais e evitava problemas intrínsecos ao escambo, como a falta de acordo entre determinadas trocas. Nem sempre o ferreiro queria receber galinhas como pagamento pelos machados que produzia, mesmo que o criador delas precisasse de um machado novo.

Mexer com moeda exigiu que esses pequenos empreendedores tivessem de aprender a lidar com números para fazer contabilidade. Produtos mais desejados em menor oferta também permitiram o acúmulo de capital e seu uso para investimento na expansão de suas produções, através de compra de equipamentos, terras e a contratação de funcionários ou a compra de escravos. Foi possível expandir a delegação de tarefas para além da família.

A possibilidade de reinvestimento trouxe também o aumento de produtividade por meio da expansão dos meios de fabricação. Espaços maiores e maior número e variedade de ferramentas permitiram ganho de escala além da força humana ou animal.

Afinal, em uma época anterior à Revolução Industrial, antes das grandes invenções da engenharia mecânica, como os motores a vapor e a combustão, ou da engenharia elétrica, como a eletricidade, capacitores e resistores, era a força humana ou animal que permitia o ganho de escala.

Em toda grande revolução da sociedade, da Revolução Agrícola à Revolução Industrial ou, nos dias de hoje, com a Revolução Digital, as novas tecnologias sempre venceram. Barcos a remo foram substituídos por barcos a vapor, carruagens puxadas por cavalos foram substituídas por veículos com motores a combustão, e assim por diante.

Mesmo assim, nos dias de hoje, ainda vejo empreendedores que acreditam que a melhor forma de crescer seja por meio da força humana. Seja com sua família ou amigos próximos, o caminho natural parece ser frequentemente o aumento do capital humano.

Muitos empreendedores não se sentem à vontade com novas tecnologias e se esquivam de softwares de automação focando somente a terceirização para seres humanos. Mas isso é perigoso por alguns motivos:

1. Pessoas são mais caras. Muito além de salários e encargos trabalhistas, pessoas precisam de treinamento, têm taxa de rotatividade, ficam doentes, saem de férias etc. Sou a favor de todos os direitos e de tratar pessoas como pessoas, e por isso mesmo, só acho que o pesado investimento em pessoas compensa quando elas precisam fazer trabalhos que máquinas ainda não são capazes de fazer.

2. Pessoas são menos eficientes do que softwares. Softwares de automação funcionam 24 horas por dia, em alta frequência, não ficam doentes, e, uma vez programados, são capazes de repetir tarefas com precisão e mínima taxa de erros.

3. Pessoas estão mais sujeitas a erros. Nós, seres humanos, erramos. Seja por distração, seja por cansaço, seja por mau treinamento, seja por falta de alinhamento de expectativas, seja por problemas psicológicos etc.

4. Pessoas têm maior curva de aprendizado. Aprender a fazer uma tarefa com precisão exige treinamento e muita prática, algo que não se consegue da noite para o dia. E uma vez que a pessoa treinada saia da empresa, é preciso fazer tudo de novo com uma nova contratada.

Pessoas são excelentes em fazer aquilo em que elas precisam atuar como humanos, naquilo que máquinas não são capazes de fazer. Máquinas não são capazes de amar o próximo e ter empatia, de criar filmes que lhe fazem se emocionar, de criar hits musicais ou de criar empresas.

Mas máquinas são capazes de processar informações, são capazes de fazer tarefas repetitivas. São capazes de ajudar no agendamento de reuniões por você, de fazer ligações de confirmação, de cobrar valores mensais de seus clientes, de calcular valores e gerar gráficos etc.

Portanto, terceirizar é bom e importante, mas sempre priorize a automação com o uso de tecnologias digitais. O estresse será menor, e a liberdade será maior. Vai por mim.

REFLEXÕES
DO CAPÍTULO 4

» Depois de automatizar, a melhor coisa que você pode fazer é delegar para pessoas mais habilidosas do que você.

» Contratar freelancers é melhor do que ter funcionários.

» Descubra o quanto você custa e valorize o investimento de seu tempo em pequenas tarefas que podem ser delegadas.

» Para delegar bem, não tenha medo das microperdas.

» Elimine a fadiga da decisão.

» Use plataformas que comoditizem a confiança para encontrar freelancers.

» Pague por produtividade, não por dia de trabalho.

» Terceirize para seus clientes.

» Automatizar é melhor do que terceirizar.

SEJA O DESIGNER

"Tudo o que você deseja em sua vida será nutrido por uma empresa criada por você."
— Russel Brunson

Era uma manhã qualquer de 2005. Eu estava dentro do ônibus da linha 132, Leblon-Central, a caminho de meu estágio na IBM. Eu pegava o ônibus em seu ponto final, o que me permitia ir sentado confortavelmente lendo um livro. Eram apenas três bairros até chegar em Botafogo, onde ficava a sede da IBM: Leblon, Ipanema e Copacabana.

Atravessar o Leblon era tranquilo, Ipanema era um pouco pior, mas Copacabana... ah, Copacabana! Atravessar o trânsito de Copacabana era, por si só, uma dose matinal de estresse. Chegar ao trabalho estressado era "normal" para mim naquela época. Fazia parte, sabe?

Nessa fase, eu tinha 24 anos e estava em uma espécie de busca espiritual. Sempre fui uma pessoa sensível às minhas emoções e ao ambiente ao meu redor, mas o total despreparo para saber lidar com isso durante minha infância e adolescência me levou a usar a racionalidade como forma de inventar explicações para o que eu não conseguia entender. E matar, de pouco em pouco, minha espiritualidade.

Acontece que ninguém consegue viver assim por muito tempo. Pelo menos, não de forma feliz. E foi mais ou menos nessa época que resolvi tentar mudar isso. Fiz ioga, curso de meditação de dez dias em total silêncio, embarquei na onda de chás fitoterápicos, alimentação vegetariana e li muitos, muitos livros de autoajuda.

Dois livros em especial me marcaram. O primeiro deles foi *Comer, Rezar, Amar*, de Elizabeth Gilbert. O livro conta uma jornada espiritual da autora após um traumático divórcio que a fez mergulhar em uma profunda depressão.

Em uma determinada parte do livro, Elizabeth relata uma conversa com um xamã, chamado Ketut, na ilha de Bali, Indonésia, com quem vinha se encontrando regularmente:

"Você já esteve no inferno, Ketut?"
Ele sorriu. É claro que ele já esteve lá.
"Como é lá no inferno?"
"Igual ao céu", ele respondeu.
Ele percebeu que fiquei confusa e tentou explicar.
"O universo é um círculo, Liss."
Ele completou. "Para cima, para baixo — no final, tudo igual."
Eu perguntei. "Então, como você sabe qual é o céu e o qual é o inferno?"
"Pela forma como você vai até lá. Para ir para o céu, você vai para cima, através de sete lugares felizes. Para o inferno, você vai para baixo, através de sete lugares tristes. Por isso, é melhor ir para cima, Liss."
Ele riu.
"Tudo igual", ele disse. "Igual no final, então é melhor que você seja feliz na jornada."

Essa passagem do livro me fez enxergar que a forma como escolhemos chegar até nosso grande objetivo conta mais do que o objetivo em si. Nunca mais tirei isso de minha cabeça.

Mas, de volta àquele ônibus, no meio de Copacabana, eu lia outro livro de autoajuda: *O Poder do Agora*, de Eckhart Tolle. O autor argumenta que nós não somos nossos pensamentos e que existe uma grande parte de nós que vai além deles. E sugere, logo no início do livro, que o leitor pare por um minuto e observe no que está pensando.

Foi o que fiz, no meio do caos urbano, dentro de um ônibus lotado: virei um observador de meus pensamentos. Nesse momento, me senti como uma segunda entidade que se desconectava de meus pensamentos e os observava à distância. Foi uma sensação bizarra, mas ao mesmo tempo libertadora. Naquele momento, aprendi que não somos nossos pensamentos.

Percebi assim que eu tinha a total capacidade de redirecionar minha vida para o caminho que eu desejasse. Um caminho feliz. Uma jornada feliz. Não uma jornada em que meus pensamentos e medos direcionavam meus próximos passos. Não uma jornada onde sofremos por trinta a quarenta anos com o sonho de, ao final dela, nos aposentar para só então encontrar a felicidade.

Não seria fácil, **mas era possível me tornar o designer de minha vida**.

Ray Dalio, fundador do Bridgewater, um dos mais bem-sucedidos fundos de investimento do mundo, diz em seu livro *Princípios* que uma das coisas mais difíceis para a maioria de nós é olhar objetivamente para si mesmo dentro de suas circunstâncias (dentro da máquina), para que elas possam agir como o designer da máquina.

A maioria de nós fica presa à perspectiva de que somos meros trabalhadores dentro da máquina. Se você reconhecer as diferenças desses dois papéis, dará um passo importante em construir uma vida melhor. Se entender que é muito mais importante ser um bom designer de sua vida do que ser um trabalhador dentro dela, você estará no caminho certo.

Em vez de ter uma perspectiva holística, a maioria das pessoas opera emocionalmente no momento. A vida delas é uma série de experiências emocionais não direcionadas, indo de uma coisa para outra sem raciocínio. Se você quer conseguir um dia olhar para trás sobre a vida que construiu e ter orgulho do que conquistou, não pode operar dessa maneira.

Em outras palavras, não seja um mero operário. Seja o designer de sua vida.

Isso é capaz de resumir muito do que quero transmitir neste capítulo. E, principalmente, mostrar que empreender, criando sua própria empresa, é a melhor forma de ser o designer de sua própria vida. Pode ter certeza de uma coisa: empreender é a melhor forma de criar a vida que você deseja.

Desde minha síndrome do pânico, minha jornada como empreendedor estrutura empresas capazes de dar suporte à vida que quero viver, e não o contrário. Dar suporte a uma jornada que fosse feliz e que me fizesse olhar para trás e ter orgulho do que vivi. E não de um mero número na minha conta bancária quando eu atingir 70 anos de idade.

Ser meramente o operário de sua vida significa ser direcionado, principalmente, pelo medo, pela ansiedade, pela depressão. Ou pela comparação e inveja de outros, pela vontade de viver o que capas de revistas vendem como sucesso. Viver pelo impulso de uma felicidade falsa para você.

Eu já disse aqui que é muito difícil cortar o ruído externo e não deixar que ele polua seus pensamentos. É muito difícil separar você de seus pensamentos. Esse sempre foi e sempre será o maior desafio de minha vida. Enxergar-me como o designer e não como o operário foi um elemento-chave para reverter isso.

❯❯ DESENHE UMA EMPRESA EFICAZ

Desenhar uma empresa eficaz é uma das mais importantes responsabilidades de um empreendedor. Decidir como fazer uma empresa operar com menos custos, menos estresse, mais simplicidade e resultados é o que todos deveríamos desejar.

Existem basicamente dois tipos de empresas, organizacionalmente falando: as verticais e as horizontais. Digo isso em dois aspectos diferentes: tanto em relação à hierarquia organizacional quanto em relação à cadeia produtiva em que a empresa está inserida. Entender a verticalização e a horizontalização dentro desses dois aspectos pode ajudá-lo a direcionar melhor sua gestão e estratégia empresarial.

Não quero entrar em detalhes muito técnicos aqui, mas basicamente funciona assim:

I. Empresas hierarquicamente verticais (a) têm muitos níveis gerenciais e todos respondem a uma pessoa na parte superior da hierarquia, tornando a tomada de decisão burocrática, lenta e centralizada. Em organizações horizontais (b), existem pouquíssimos níveis hierárquicos, e as decisões são tomadas de forma mais ágil.

II. Já em relação à cadeia produtiva, empresas horizontais trabalham para serem especialistas em uma só parte da cadeia. É uma forma de ser muito bom naquilo que se sabe ou gosta de fazer. Para empresas maiores, que querem crescer em sua especialização, horizontalizar também pode significar adquirir ou se fundir com empresas semelhantes, que atuam realizando a mesma atividade. É uma forma de aumentar sua fatia de mercado e se manter especializado naquilo que se faz bem. Já as empresas verticais buscam atuar em toda a cadeia produtiva, passando a fazer dentro de casa atividades que eram antes feitas por parceiros. É uma forma de ter maior controle e aumentar margens de operação.

Empresas verticais costumam ser grandes, com milhares de funcionários, departamentos, escritórios etc. Os modelos tradicionais de gestão acabam as empurrando para uma grande quantidade de níveis hierárquicos e a busca por ganho de escala com o domínio de toda a cadeia produtiva. Isso as torna gigantes, lentas e robustas, mas com grandes chances de serem engolidas por alguma nova startup horizontal com mais velocidade e capacidade de inovação.

É o caminho que empresas como Amazon e Google vêm fazendo nos últimos anos e dando muita cabeçada no processo. Muito dinheiro gasto, muitos erros, mas com sucesso nessa evolução.

A Amazon, por exemplo, começou como uma loja online que usava o serviço de correios para fazer suas entregas. Em pouco tempo, passou a criar sua própria empresa de logística para fazer suas entregas. Também usava tecnologia de terceiros, mas passou a criar sua própria empresa de tecnologia e hospedagem de sites. A empresa foi verticalizando e passando a operar em toda sua cadeia produtiva.

Para muitos, se tornar o próximo Jeff Bezos, fundador da Amazon, é o grande objetivo de vida. Eu desejo o extremo oposto. Não desejo ter megaempresas verticalizadas, trabalhar incessantemente, ter muito dinheiro, mas pouco tempo para usufruir dele.

A verdade é que a grande maioria das grandes empresas, com todo dinheiro do mundo e estrutura, tenta de tudo para manter a qualidade que só as pequenas empresas têm, tanto na agilidade, quanto na cultura. Querem horizontalizar suas estruturas organizacionais, ser mais rápidas na tomada de decisão.

Muitas delas estão embarcando na horizontalização de suas cadeias produtivas também. Segundo o *Financial Times*, fusões e aquisições globais bateram um novo recorde em 2018,[1] o que claramente indica que a maioria está tentando se tornar especialista em um mercado.

---

1 https://www.ft.com/content/b7e67ba4-c28f-11e8-95b1-d36dfef1b89a

Não quero entrar no mérito de se a verticalização é boa ou ruim. Quero apenas ressaltar que se trata de uma estratégia para grandes empresas, para quem tem superestrutura e muita bala na agulha.

O problema é que pequenas empresas nascem e deveriam se manter horizontais, mas, ao menor sinal de crescimento, elas embarcam no projeto de se verticalizar. Talvez uma pequena empresa não tenha inúmeros níveis hierárquicos, mas rapidamente contrata mais funcionários para fazer mais funções e mantém toda a tomada de decisão centralizada em seu fundador.

Ela também provavelmente não tem caixa ou estrutura para participar de toda a cadeia produtiva, mas certamente tentará fazer tudo dentro de casa e com funcionários recém-contratados para "evitar custos com fornecedores", enquanto deveriam estar se especializando cada vez mais em um único processo.

Portanto, entenda uma coisa: a empresa eficaz é horizontal. A empresa automática é horizontal. Ela não tem um dono centralizador. Ela não tem uma equipe grande com perfis e funções variadas. Ela é especializada. E seu dono é um delegador. É um terceirizador.

Estruturas infladas com funcionários mal pagos e mal capacitados, com baixíssimo nível de produtividade e qualidade, são a realidade de 99% das pequenas empresas brasileiras. É isso mesmo, 99%. E eu sei que você enxerga essa realidade também, talvez até mesmo dentro de sua própria empresa.

O maior quadro de funcionários que já tive em minha empresa foi de dezoito colaboradores, e era quase um pesadelo. Tínhamos uma cultura incrível, funcionários motivados, baixo nível hierárquico, a agilidade de uma startup, mas manter isso era um esforço enorme à medida que crescia o quadro de pessoas.

Ter funcionários é algo custoso em vários aspectos, seja por causa dos salários e encargos sociais, seja por causa do constante treinamento que exigem ou das dificuldades da gestão de pessoas e equipes etc.

Não se mantém um quadro assim sem ter de investir muitas horas em contratação e seleção, investir em constante treinamentos, saber lidar com diferentes perfis comportamentais, ser um pouco coach aqui e ali, comprar e manter equipamentos atualizados (laptops, desktops, impressoras etc.), alugar escritórios grandes que comportam todos, ter salas de reunião, telefone fixo etc. Hoje em dia, para mim, isso tudo é o equivalente à visão do inferno de um empreendedor.

Hoje, essa minha empresa só tem quatro sócios, ou seja, menos de um quarto do número de pico. Não tem mais escritório, todos trabalhamos remotos de nossas casas (ou de qualquer outro lugar que quisermos), com nossos computadores pessoais, e basicamente 80% de nossas tarefas estão automatizadas ou terceirizadas.

Sabe o que isso significa? Menos risco, menos peso nas costas, uma vida mil vezes mais leve.

›› DESENHANDO O MODELO DE NEGÓCIO AUTOMÁTICO

Se você também deseja colocar sua empresa para funcionar a seu favor, gerando renda e tempo, você precisa ser o designer dessa máquina, e não um operário dentro dela. A melhor forma que conheço de desenhar essa máquina é por meio do que conhecemos como modelagem de negócios.

Modelar (ou desenhar) é uma forma, bastante popular nos dias de hoje, de arquitetar um negócio, pensando nas diferentes partes que o compõem e como elas interagem entre si. O termo modelo de negócio é comumente confundido com o tradicional "plano de negócio" ou mesmo com a forma como uma empresa faz dinheiro. Mas ele não é nem uma coisa e nem outra.

De forma resumida, um modelo de negócio descreve a lógica de criação, de entrega e de captura de valor de uma organização. Ou seja, é como se um modelo de negócio tivesse três pontos-chaves.

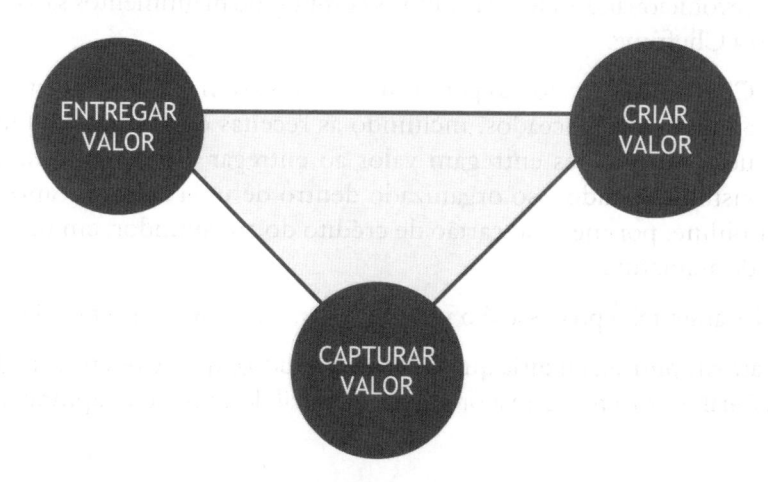

Por exemplo, se olharmos para a indústria de mídia impressa no início do século XX, como esses três pontos eram realizados?

Como as empresas de mídia criavam valor? Bom, elas tinham jornalistas que escreviam artigos e, com isso, produziam jornais. E como elas entregavam esse valor? Sabemos que os jornais eram impressos fisicamente e contavam com uma rede de entregas até os leitores. Por fim, como elas capturavam valor? Havia empresas que anunciavam em espaços publicitários nos jornais impressos.

E como a indústria midiática faz isso no século 21? A mesma estrutura de modelo de negócio se mantém: criar, entregar e capturar valor. Porém, os resultados são obtidos de forma diferente.

No lugar de repórteres criando valor, nós, usuários, criamos valor e criamos conteúdo. Esse valor é entregue, por exemplo, via redes sociais, que funcionam como o veículo de distribuição. E o valor é capturado via anúncios ou oferta de espaços publicitários e seus cliques.

O processo é o mesmo, mas atualizado e inovado para se encaixar na tecnologia e no comportamento dos consumidores do século 21. Mas, e em outros tipos de empresa? Será que a tríade se manteve ao longo do tempo?

Vamos pensar, então, em mercearias do início do século. O valor era criado por conta do agrupamento de diferentes produtos, de diferentes produtores, em um mesmo local. O valor era entregue ao permitir que indivíduos e famílias comprassem produtos nesse mesmo local, em pequenas quantidades, adequadas às suas necessidades de consumo. E o valor era capturado no caixa.

E no século 21? Como se dá esse processo? Hoje, temos empresas que estão revolucionando a forma como as compras de mantimentos são feitas, como a Cheftime.

A Cheftime cria valor ao pensar no cardápio semanal do consumidor, com alimentos balanceados, incluindo as receitas detalhadas e os insumos necessários. Eles entregam valor ao entregar diretamente na casa do consumidor tudo isso organizado dentro de uma caixa. E capturam valor online, por meio do cartão de crédito do consumidor, em um modelo de assinatura.

Novamente, o processo é o mesmo: criar, entregar e capturar valor.

Para simplificar, eu diria que criar valor é tudo o que se refere a vendas e relacionamento, entregar valor é o operacional do negócio e capturar valor é gerar lucro. Segundo a consultoria Board of Innovation, quando se trata de modelagem de negócios, a seguinte equação é considerada fundamental para se obter sucesso:

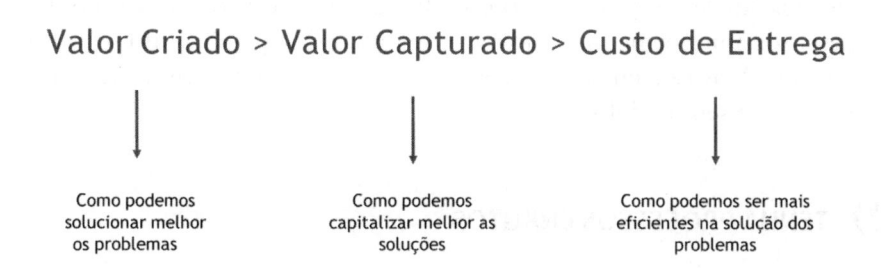

Valor Criado > Valor Capturado > Custo de Entrega

↓ ↓ ↓

Como podemos solucionar melhor os problemas | Como podemos capitalizar melhor as soluções | Como podemos ser mais eficientes na solução dos problemas

Temos que criar mais valor do que capturamos e temos de capturar mais valor do que nos custa para entregar esse valor. Um modelo de negócios só será sustentável se essa equação for verdadeira.

Acontece que, para a empresa automática, essa equação precisa ter o elemento tempo incluído. Não se trata apenas de um cálculo de entrega de valor que considera quanto dinheiro é ganho e quanto é gasto, mas o tempo ganho e gasto igualmente.

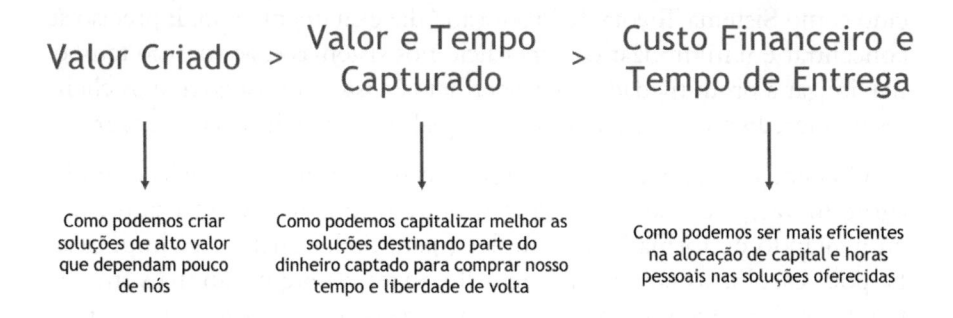

Valor Criado > Valor e Tempo Capturado > Custo Financeiro e Tempo de Entrega

↓ ↓ ↓

Como podemos criar soluções de alto valor que dependam pouco de nós | Como podemos capitalizar melhor as soluções destinando parte do dinheiro captado para comprar nosso tempo e liberdade de volta | Como podemos ser mais eficientes na alocação de capital e horas pessoais nas soluções oferecidas

O empreendedor livre não deseja somente uma empresa capaz de gerar lucro financeiro. Ele deseja uma empresa capaz de gerar lucro de tempo. É assim que se compra o tempo de volta.

A lógica de gerar lucro financeiro e lucro temporal é muito semelhante. É preciso que as saídas sejam menores do que as entradas. Ou seja, é preciso que o tempo gasto em sua empresa seja menor do que o tempo que ela gera para você.

A capacidade de gerar tempo está diretamente relacionada aos pontos já descritos anteriormente neste livro: se retirar da equação, automatizar e terceirizar. Mas existem alguns elementos-chave para conseguir desenhar bem isso em seu modelo de negócios.

▶▶ TENHA PROCESSOS ENXUTOS

Um desses elementos para se adicionar tempo é tornar a criação, a entrega e a captura de valor o mais digital possível. É a digitalização de seu modelo de negócio que permitirá criar uma empresa automática e comprar seu tempo de volta. Mas antes de sair digitalizando, é preciso enxugar sua empresa. Colocar ela em uma dieta. Cortar os excessos.

Processos devem ser automatizados e podem ser terceirizados, mas eles precisam ser enxutos (*lean*) para que isso funcione bem. Se seus processos forem grandes, cheios de etapas e complexos, estarão sujeitos a maiores dificuldades de serem automatizados por software e mais sujeitos a erros por terceiros também.

O conceito de manufatura enxuta (*lean manufacturing*), também conhecido como Sistema Toyota de Produção,[2] diz exatamente isso. É preciso se concentrar em minimizar o desperdício nos sistemas e, ao mesmo tempo, maximizar a produtividade. O desperdício é visto como algo que os clientes não acreditam agregar valor e pelo qual não estão dispostos a pagar.

Comece listando suas tarefas repetitivas e elimine as tarefas que não agregam valor ao cliente. As que sobrarem, quebre-as em passos, documentando de forma bem completa, para poder analisar e simplificar. Depois, escolha as tarefas que mais lhe tomam tempo, são mais importantes ou lhe estressam. Separe-as em tarefas que são simples e, consequentemente, mais fáceis de resolver. Essas são as chamadas *quick wins* (vitórias rápidas). Depois, ataque as mais complexas uma a uma. Essas serão as *big wins* (grandes vitórias).

---

[2] https://www.projectmanager.com/blog/what-is-lean-manufacturing

A melhoria de cada uma delas para posterior automação e terceirização lhe trará grande alívio e aumento de produtividade. Mas não busque perfeição, pois isso só costuma gerar mais dificuldade na busca da simplificação. Use a regra de pareto.[3] Trabalhe o 80/20. Eu te garanto que 80% de suas dores de cabeça vêm de 20% de seus processos.

Darei um exemplo simples de como você pode enxugar processos financeiros. Nas minhas empresas, só realizo pagamentos de contas (fornecedores, cartões de crédito etc.) em dois dias do mês: todo dia 5 e dia 20. Então, todo fornecedor foi orientado a enviar boletos com vencimento somente nesses dias, faturas de cartão de crédito tiveram seus vencimentos trocados para esses dias, e assim por diante.

Ah, mas meus fornecedores nunca aceitarão isso! Já experimentou perguntar para eles? Lembre-se, eles querem receber em dia e mantê-lo como cliente. Tente e depois me conte como foi. Como eu disse, talvez você não consiga com todos. Talvez sua indústria funcione de forma diferente, mas uma pequena taxa de sucesso já poderá representar uma grande redução do tempo gasto em seu financeiro.

Quando você não faz isso, o que acontece? Praticamente todos os dias tem alguma conta para pagar. Todo os dias você precisa abrir o internet banking, lançar o boleto, agendar, autorizar etc. Pode parecer algo bobo, mas se todos os dias você precisa parar outras tarefas mais importantes para gastar dez minutos, o impacto é muito grande.

Na época em que eu mesmo fazia todo o financeiro, essa regra foi uma das primeiras ações fundamentais para que eu reduzisse o número de horas que gastava nas rotinas financeiras em cerca de 80%. Eu deixei de lidar com o financeiro em 22 dias úteis e passei a lidar com ele apenas 2 dias por mês.

Agora, se você me perguntar se eu consegui que 100% das contas da empresa fossem pagas somente nesses dois dias, responderei que não. Infelizmente, algumas guias de impostos caem em dias diferentes, e não posso mudar isso. No final das contas, preciso lidar com o financeiro em três ou quatro dias do mês. Mesmo assim, a regra funciona para 90% das contas, e a redução do trabalho foi absurdamente benéfica.

A verdade é que hoje em dia eu nem gasto mais três ou quatro dias. Tenho uma empresa que administra meu financeiro e faz tudo isso por

---

3 https://meuartigo.brasilescola.uol.com.br/administracao/a-lei-pareto-na-solucao-problemas-empresariais.htm

mim. Só autorizo as contas pelo aplicativo do celular, com poucos cliques, em poucos minutos. Mas mesmo tendo uma empresa terceirizada para tocar meu financeiro, enxugar a rotina de pagamentos foi algo que fiz antes de contratá-los, e me permitiu que o número de horas que gasto com essa empresa fosse menor.

Manter processos simples significa: mais agilidade, menor custo, menor tempo despendido, menores chances de erro, maior taxa de sucesso na automação e na terceirização. Pensou em criar dez opções de preço para seu cliente? Repense, crie uma só. Se for necessário ter mais de uma opção, não passe de três. Pensou em criar uma automação de marketing? Faça apenas uma, teste outras, mas elimine as que não dão resultado e mantenha apenas aquelas com maior taxa de retorno.

Não faça tudo possível, foque as poucas coisas capazes de gerar grande impacto. Mantenha simples, mantenha enxuto, mantenha pequeno.

❯❯ FAÇA O EXERCÍCIO DO DEZ VEZES MAIS

Uma vez que você tenha simplificado seus processos e trabalhado nos que mais lhe incomodavam, existe outra abordagem interessante que pode lhe indicar onde mais falta melhorar.

Faça a você mesmo a pergunta: se sua empresa crescesse hoje dez vezes mais, a estrutura estaria preparada para crescer na mesma proporção? Quais processos não suportariam esse crescimento?

Especialistas normalmente afirmam categoricamente que na jornada empreendedora só existem dois caminhos possíveis: "crescer ou morrer". O que eles falham em dizer é que crescer de forma errada também pode levar à morte. O mundo empresarial é recheado de casos de empresas que falharam por dois grandes motivos:

a. Falta de inovação e adaptabilidade às novas dinâmicas de mercado (como o caso da Blockbuster); e

b. Crescimento acelerado acima de sua capacidade (como o caso da Pets.com).

Comumente só nos lembramos dos casos de falta de inovação, pois os casos de falência por crescimento acelerado acabam sendo confundidos com má gestão, azar, entre outros fatores. Mas existem muitos dados interessantes que provam que o segundo motivo é o mais comum deles.

A Kauffman Foundation e a Revista Inc. realizaram um estudo em 2016[4] de acompanhamento das empresas que receberam o reconhecimento de estar entre as 5 mil empresas de mais rápido crescimento nos EUA, analisando sua situação cinco a oito anos depois de aparecer nessa lista. O que eles descobriram foi surpreendente: cerca de dois terços das empresas que fizeram parte da lista haviam encolhido em tamanho, saído do negócio ou vendido abaixo do preço de mercado.

Um estudo de 2011 do Startup Genome Report[5] descobriu que 90% das startups falham principalmente por "autodestruição, em vez da concorrência". E qual é o maior motivo? O estudo, que envolveu mais de 3.200 startups de tecnologia, aponta que a maioria das empresas cresce muito antes de estar pronta. O conceito pode assumir muitas formas, como contratação de muitos funcionários muito rapidamente, gasto excessivo com aquisição de clientes antes que o produto esteja pronto etc.

Enquanto cerca de 74% das startups da internet falham devido à escala prematura, aqueles que escalam normalmente veem um crescimento vinte vezes mais rápido, de acordo com o mesmo relatório do Startup Genome. As empresas que escalam adequadamente também conseguem atrair mais capital e clientes.

Já afirmei aqui que não sou fã de startups de alto crescimento ou grandes empresas, pois não acredito que elas são capazes de gerar liberdade para seus empreendedores. Porém, existem aprendizados importantes no conceito de escalabilidade.

A escalabilidade é a capacidade de crescimento de uma empresa sem incorrer em significativos aumentos de custos. Por exemplo, uma empresa altamente escalável consegue aumentar seu faturamento em cem vezes, aumentando seus custos em apenas três vezes.

Olho para a escalabilidade em proporções menores, mas ainda penso: eu consigo realizar o trabalho de uma empresa de trinta a cinquenta pessoas sendo apenas um? Consigo ter um bom faturamento utilizando softwares

---

4 https://fortune.com/2016/03/07/fast-growth-companies-fail/

5 https://startupgenome.com/blog/a-deep-dive-into-the-anatomy-of-premature-scaling-new-infographic

de automação e freelancers a um custo proporcionalmente menor? Isso tudo sem gastar uma grande quantidade de horas de meu próprio tempo?

Escalar não é apenas o resultado de sorte, muito trabalho ou de muito dinheiro para investir em marketing. Escalar é uma arte. É saber lidar com alto volume de operações de forma suave e com o menor número de recursos que você puder utilizar. É preciso ser um bom designer de empresas para isso.

Para atingir o nível certo de escalabilidade, é preciso adotar esse mindset antes mesmo de iniciar seu negócio. O conceito deve estar presente desde a concepção de seu modelo de negócios até o dia a dia de suas decisões.

Normalmente, o primeiro desafio que todo empreendedor tem é: como tiro essa empresa da inércia e começo a faturar? Uma vez que esse problema seja solucionado, surge o segundo desafio: mas, agora, como faço essa empresa crescer? O problema é que essa segunda pergunta está incompleta. Ela deveria ser: como faço essa empresa crescer de forma lucrativa e sem me matar de trabalhar?

Um conceito importante, que é diretamente relacionado à escalabilidade e a essas perguntas, é o chamado "gargalo". Executivos que gerenciam fábricas comumente usam esse termo.

Por exemplo, vamos dizer que você gerencia uma fábrica de automóveis capaz de produzir mil carros por dia. Em um determinado momento, a seção de pintura de sua fábrica tem um problema em uma das duas estufas, e apenas quinhentos carros podem ser pintados por dia, em vez de mil. Isso é um gargalo.

Não importa que a fábrica emprega milhares de pessoas e todas as demais etapas de produção estejam trabalhando perfeitamente em capacidade máxima. Um gargalo é capaz de reduzir a capacidade total da fábrica.

É impossível criar uma empresa escalável se você não estiver ativamente antecipando, procurando e removendo gargalos de crescimento.

Digamos que sua empresa conseguiu crescer de 1 milhão para 25 milhões de receita recorrente anual. Claramente, seu time de vendas foi capaz de entregar essa evolução. Mas será que seu time de suporte conseguirá acompanhar o crescimento da demanda? Se não conseguirem, seus clientes ficarão desapontados, e isso pode se voltar contra você.

Em empresas que estão começando ou são de pequeno porte, o "gargalo" mais comum é uma única coisa: o seu próprio empreendedor.

O empreendedor que faz muitas coisas ao mesmo tempo, centraliza decisões, faz o trabalho de boy, secretária, vendas, financeiro etc., é o maior limitador do potencial de sua empresa. E também o maior responsável por trabalhar tantas horas.

Uma forma simples de pensar em como remover futuros gargalos é fazer outra pergunta simples: se meu negócio crescesse dez vezes da noite para o dia, quais seriam seus gargalos para acompanhar esse crescimento? Pela perspectiva de "gerenciamento de escalabilidade", esta é *a pergunta*.

Você consegue crescer dez vezes mais com a atual demanda de capital de giro? Você consegue fazer seu time de suporte crescer dez vezes mais? Você consegue fazer seus recursos tecnológicos crescerem dez vezes mais?

Vamos usar o atendimento como exemplo. Olhemos os potenciais riscos e reflexões que o teste do dez vezes mais pode causar. Eu não estou dando conta do atendimento do meu e-commerce via e-mail, chat e telefone. Como resolverei isso?

É bem provável que você pense: contratando funcionários. Comprando mais computadores, mesas, cadeiras e alugando um escritório maior para todo mundo caber. E o custo disso? Ah, a gente dá um jeito. Afinal, estou precisando disso, pois minhas vendas estão crescendo.

Não esqueça de jogar nesse cálculo os custos de salários, encargos, vale-refeição, vale-transporte, tempo de treinamento e mais uma certa rotatividade de funcionários, o que exigirá que você faça o equivalente a três processos de seleção mais treinamento até acertar o time todo.

Ah, mas aí ficou complicado. Ficarei no zero a zero ou até mesmo ter prejuízo e muito estresse. Vamos pensar nas alternativas, então? Se você abrir mão do atendimento telefônico e passar para suporte apenas por chat e e-mail... Menos custo com telefonia, menos investimento em um sistema novo de PABX.

E será que não conseguiríamos adotar chatbots para filtrar os primeiros atendimentos no chat? O que são chatbots? São robôs que simulam conversas no chat e ajudam cerca de 50% dos clientes a resolverem os problemas mais comuns no primeiro atendimento.

E, para os e-mails, você pode adotar um sistema de help desk com respostas pré-programadas e terceirizar o atendimento para alguns freelancers. Eu falo de todas essas ferramentas no próximo capítulo.

Viu só como uma simples pergunta pode desencadear toda uma lista de novas perguntas? Ou melhor, viu só como uma pergunta somada a um mindset de escalabilidade pode ajudar a encontrar soluções que lhe trarão menos dor de cabeça, custo e mais tempo disponível em sua vida?

E não se preocupe, você provavelmente não terá uma solução de imediato sobre a melhor maneira de lidar com um crescimento de dez vezes da noite para o dia. Ele talvez nem aconteça rapidamente.

O importante é o mindset. É pensar o tempo todo em como crescer sem precisar gastar um caminhão de tempo e dinheiro.

≫ CRIAÇÃO DE VALOR NA EMPRESA AUTOMÁTICA

O primeiro ponto fundamental a ser compreendido sobre criação de valor em uma empresa que roda no piloto automático é que é preciso criar um alto valor percebido. Provavelmente mais alto do que você cria hoje em dia para seus clientes. É isso que permitirá que seu negócio consiga capturar mais valor e mais tempo para você.

Alto valor não é necessariamente vender algo a um preço alto. O preço está relacionado à captura de valor, e não à criação dele. Criar alto valor significa gerar um conjunto de benefícios que seja significativo para seu cliente. Que tenha a ver com ele, com seus problemas e desejos, com seu contexto, sua história, sua vida.

Muitas pessoas acreditam que isso só é possível com alta inovação, tecnologia de ponta e movimentos de alto risco. Mas eu faço isso vendendo software de Excel. Lembra?

Enquanto a maioria das pessoas pensa que vender planilhas é o equivalente a vender uma máquina de datilografia em plena era de smartphones, os clientes da LUZ Planilhas acham que o que vendemos é maravilhoso. Eles enxergam altíssimo valor em nossos produtos.

Afinal, tudo começou exatamente por causa disso. A mudança que levou a LUZ a deixar de ser uma empresa de consultoria e passar a vender planilhas foi incentivada pelo feedback sobre o que gerava valor para nossos clientes.

Eu já contei aqui que as pesquisas de satisfação de longo prazo com os clientes de consultoria me apontaram esse caminho. "Olha, nós acabamos nos enrolando aqui e não conseguimos colocar aquele planejamento estratégico em prática, mas a gente usa muito aquela planilha X que você criou para resolver aquele nosso processo Y."

Foi assim que percebi que algo simples, que eu criava em poucas horas, para ajudar nos processos mais críticos que precisavam ser organizados na empresa era muito mais valioso do que meses de consultoria, com um grande número de horas de profissionais dedicados.

O mais interessante é que essas empresas tinham sistemas caros de empresas como TOTVS, Nasajon ou DataSul para controlar o financeiro, compras e departamento pessoal. Mas por que, então, elas precisavam de uma planilha?

Simples. Os sistemas são inflexíveis, sua customização era demorada e custosa, e muitas das necessidades dos clientes eram para melhorar o controle de processos básicos do dia a dia.

As planilhas funcionavam para valer. Eram simples, leves, todos entendiam como usar, podiam ser customizadas facilmente e geravam os controles e análises que faltavam. Era nelas que nossos clientes viam alto valor.

Era curioso observar que eu vendia projetos de R$30 mil a R$300 mil, mas o cliente ficava mesmo era feliz com uma planilha de Excel. Havia uma grande oportunidade ali. E eu a enxerguei.

Eu e meus sócios colocamos no ar um e-commerce, cadastramos algumas planilhas, formulários, checklists e modelos de cartas para vender. Com o tempo, acabamos focando 100% a oferta de planilhas, e hoje vendemos planilhas que custam em média R$300.

Você sabe qual é a diferença de uma planilha de R$300 para um projeto de consultoria de R$300 mil? A planilha. Vendo mil unidades dormindo. O cliente olha, testa, curte, compra, faz o download e sai usando. O estresse é próximo de zero. O projeto de consultoria, gasto de horas e horas de meu dia em reuniões e deslocamento, por meses, envolvendo vários consultores, tendo estresses de alinhamento e problemas de participação do cliente. Normalmente, eu começava o projeto o amando e terminava o odiando.

A verdade é que criar alto valor para seus clientes não é ter uma ideia brilhante que te colocará na capa das revistas empresariais como o inovador do ano. Não precisa ser algo de outro mundo. A criação de valor pode também estar na eliminação de gargalos, no ganho de escala com menos custo e menos estresse. Tanto para você quanto para seus clientes.

Para criar alto valor, você precisa entender bem seu cliente. E talvez isso leve algum tempo vendendo produtos ou serviços de valor questionável. E tudo bem, isso faz parte. Durante o processo de descoberta e desenvolvimento desse alto valor, tenha em mente que o que você oferece precisa gerar alto valor para você também. Benefícios que vão além do aspecto financeiro, como já mencionei algumas vezes neste livro. Tudo gira em torno de valor, tanto para seu cliente quanto para você. Não se esqueça disso nem por um minuto sequer.

▶▶ DESENHE COM FOCO

Para te ajudar a desenhar um modelo de negócio capaz de criar alto valor, existe uma dica importante: foco. Foco em dois lugares: na mágica e em um nicho de mercado.

1. FOCO NA MÁGICA

Você se lembra da única coisa que não é possível terceirizar (e nem automatizar)? A mágica. Aquilo que só você sabe fazer. Aquilo que ninguém consegue fazer igual e nem consegue copiar. O que alguns chamam de vantagem injusta, afinal, só você a tem.

A maior parte dos empreendedores lista vantagens competitivas que, na verdade, não são vantagem alguma. Usar jargões como "qualidade alta", "velocidade" e "segurança" não cola. É preciso pensar em algo que ninguém tem ou conseguirá ter facilmente.

Tenha sempre em mente que, qualquer coisa que valha a pena ser copiada, será copiada. Imagine que um ex-sócio seu copie o código de seu aplicativo e crie uma empresa concorrente cobrando metade do preço. Você ainda teria como sobreviver?

Você tem de ser capaz de construir um negócio de sucesso tendo em mente a definição de Jason Cohen, empreendedor serial fundador do WP Engine: "Uma vantagem injusta real é algo que não pode ser facilmente copiado ou comprado." A vantagem injusta é a mágica. A mágica faz parte do valor que você cria. O alto valor. Esse alto valor está dentro de você. Ele é intelectual. E é uma propriedade sua.

A Propriedade Intelectual é a matriz dos produtos e/ou serviços de um modelo de negócio automático. A partir dela, você pode fabricar, ou mandar fabricar por você, produtos e serviços nos mais diversos formatos. Assim como a informação, a propriedade intelectual é invisível e cria um valor de alta escalabilidade. A Apple não possui fábricas físicas, mas possui patentes de design. Seus produtos sempre dizem "Fabricado na China. Desenhado na Califórnia". Já parou para pensar no que está intrinsecamente dito aí? A maior parte do dinheiro fica com a Apple, na Califórnia, e não com as fábricas da China.

A Nike também não possui fábricas, o Uber não possui veículos, o Airbnb não possui imóveis. As únicas propriedades que essas empresas têm são propriedades intelectuais.

Uma mesma propriedade intelectual pode assumir diferentes formatos. Uma propriedade intelectual, por exemplo, pode virar um curso online, um livro, um software, uma franquia, um design de produto, uma patente etc. Um software pode ser oferecido em app stores na versão mobile, na versão desktop, na nuvem/SaaS, em marketplaces ou diretamente. Uma música pode ser oferecida no iTunes, no Spotify, na Beatport, no SoundCloud, por CDs ou vinil.

É difícil até de colocar em palavras, mas as planilhas da LUZ não se parecem com planilhas tradicionais. Elas parecem um software. Elas são intuitivas, simples de preencher. Não têm milhões de opções e interfaces em que você constantemente se perde tentando fazer algo simples.

A maioria dos softwares de gestão que existem por aí é complexa, chata de usar. Exigem milhares de cliques. Nossas planilhas são o oposto disso. Esses mesmos softwares geram relatórios que nada informam, difíceis de interpretar e sem qualquer suporte na tomada de decisão.

Nossas planilhas são capazes de dizer com simplicidade se você teve lucro ou prejuízo em determinado mês, qual sua lucratividade, seus maiores custos. Coisas simples, mas fundamentais.

A diferença está no intelecto de quem os cria. Eu e meus sócios trabalhamos anos como consultores. Atendemos desde startups de tecnologia a pet shops, padarias, empresas de construção civil, sex shops, consultórios de dentista, empresas de locação etc. Vivemos as dores da gestão dessas empresas.

Muitos softwares que estão no mercado foram desenvolvidos por programadores que tiveram uma ideia ou criaram uma primeira versão para um cliente qualquer sem nunca ter entendido direito o que ele precisava.

Muitos tentam copiar nossas planilhas, mas não conseguem. Ou, se conseguem, fazem por copiar o arquivo original e vender como produtos piratas, infelizmente. Não entendem a mágica que fazemos.

Você precisa focar o que você faz bem. O foco nisso permitirá que você seja capaz de se tornar ainda melhor com o tempo. É um efeito bola de neve que faz com que você cresça à frente de sua concorrência.

2. FOQUE UM NICHO DE MERCADO

O que lhe parece mais interessante? Vender para o mercado de massa, que, no Brasil, conta com um potencial de mais de 200 milhões de pessoas ou vender para um conjunto específico que soma 1 milhão de pessoas, representando apenas 0,5% desse total?

O ser humano tende a achar que as maiores oportunidades estão onde tem mais gente. E não está totalmente errado ao pensar assim. Mas falta entender que existem também mais competição, maior dificuldade de entender as necessidades particulares de diferentes conjuntos de pessoas, existe mais margem para erros etc.

Um dos maiores desafios de qualquer empresa é achar o denominado encaixe produto-mercado. Acredito que a criação de valor está intrinsecamente relacionada a isso: criar um produto ou serviço no qual um mercado enxergue valor e queira comprar. Se não houver uma relação direta entre esses dois, não existe qualquer tipo de criação de valor. Se ninguém enxerga valor, não é valor para ninguém.

É a escolha de um nicho que permitirá criar uma oferta diferenciada, criada especialmente para um perfil de cliente ou tópico nichado. Independentemente de ser um produto físico ou digital, ele precisa ter alta margem para permitir uma estrutura de custos baseada em softwares de automação, uso de canais ou atividades terceirizados. Sem alta margem dificilmente será possível comprar seu tempo e sua liberdade de volta.

A internet é mainstream, não há dúvida sobre isso. Com bilhões de pessoas online, através de seus computadores pessoais ou dispositivos móveis, é um mercado enorme. Toda startup voltada para consumidores ou empresas pode acessar facilmente um grande conjunto de clientes em potencial. O objetivo final de qualquer empreendedor é encontrar e dominar esse mercado de bilhões de dólares, com milhões de clientes esperando para comprar seu produto. Esse é um grande objetivo. Mas como você começa?

Mercados de nicho podem ajudá-lo a descobrir novos segmentos de clientes inexplorados e mais motivados. A criação de alto valor no mundo atual está diretamente atrelada à segmentação do mercado em nichos. O tempo em que nicho de mercado era algo pequeno já se foi. Com a internet e o contato digital com clientes, qualquer nicho tem dezenas de milhares de pessoas.

A escolha de um nicho é a única forma de conseguir criar propostas de alto valor agregado. Nicho não significa apenas o perfil de um cliente, mas também um nicho de conteúdo/tópico/assunto. Você pode criar roupas para o nicho de mulheres plus size, mas também pode criar um curso no tópico de como morar na Tailândia gastando pouco.

Seth Godin, autor best-seller e guru de marketing, usa outro termo para nichos de que eu gosto muito: público minimamente viável (PMV). Segundo ele, é claro que todo mundo quer atingir o maior público possível. Ser visto por milhões, maximizar o retorno do investimento e ter um enorme impacto.

Acontece que, quando você procura se envolver com todos, raramente encanta alguém. E se você não oferece algo que seja insubstituível, essencial e único, nunca terá a chance de criar um público fiel que veja alto valor em sua oferta.

A solução é simples, mas contraintuitiva: escolha o menor mercado que você possa imaginar. O menor mercado que pode sustentar sua empresa financeiramente, o menor mercado que você pode atender adequadamente. Isso vai contra tudo o que você aprendeu, eu sei, mas é a melhor maneira de criar um modelo de negócio que lhe dará pouca dor de cabeça e permitirá que você se destaque.

Quando você tiver os olhos firmemente focados no público mínimo viável, entenderá melhor o que você precisa fazer. Sua qualidade, seu atendimento e seu impacto serão melhores. E então, ironicamente, esse público recomendará seus produtos e serviços para outras pessoas.

Duas coisas acontecem quando você foca um público mínimo viável:

» Você descobre que é um grupo muito maior do que você achava.

» Eles te recomendam a outras pessoas.

Vai por mim, foque um nicho. Encontre seu público mínimo viável. Será recompensador. Isso lhe permitirá mais facilmente comprar sua liberdade e tempo de volta do que mirar o mercado de massa.

» CAPTURE MAIS VALOR E MAIS TEMPO

Sabe por que nunca transformamos nossas planilhas em software? Porque não conseguiríamos captar o mesmo valor e tempo que capturamos hoje.

Capturar valor não é sobre quanto você cobra. É sobre quanto você lucra. E, para lucrar, você precisa saber quanto custa para entregar o valor que você cria. O custo financeiro e o não financeiro (tempo, estresse etc.).

Quando as planilhas começaram a engrenar, virei para meus sócios e falei: "Vamos girar a chave. Matar 100% de nossos esforços offline e focar apenas o digital." A reação foi de hesitação. É claro, estávamos dizendo não para projetos que custavam no mínimo R$30 mil para colocar no lugar a venda de produtos que custavam no máximo R$300. Ou seja, trocar nossa oferta por algo 100 vezes mais barato.

Mas os projetos de R$30 mil muitas vezes custavam R$25 mil para entregar. Dificilmente conseguimos mais de 15% de lucratividade. Se considerarmos os custos não financeiros, tínhamos prejuízo. Sempre. Projetos de consultoria tomavam todo o nosso tempo, nos faziam enfrentar trânsito, horas de reuniões, riscos de alinhamento de expectativas, dificuldades de relação com o cliente etc. Posso passar horas listando os riscos envolvidos nesse tipo de serviço.

A beleza de vender software, ou planilha, ou um curso digital, ou um e-book, ou qualquer outra oferta digital baseada em uma propriedade intelectual que trabalhe por você, é que você produz a matriz e vende cópias dela sem nenhum custo adicional.

Na planilha de R$300, o cliente paga e faz o download. O produto está pronto, a entrega é imediata e digital, os manuais de uso estão bem explicados e melhoram com o tempo. O produto também fica melhor a cada ciclo de feedbacks. Meu custo? Zero. Ou melhor: se considerarmos que o desenvolvimento e atualizações dos produtos nos custaram R$3 mil, mas em um ano eu vendi 1.000 unidades desse produto, meu custo foi de 1%. Minha margem bruta é de 99%. Está bom para você?

E o lucro não financeiro, quanto vale? Sem horas de deslocamento, sem necessidade de reuniões físicas, baixíssimo risco em inúmeros aspectos. Vendendo planilhas eu capto mais do que valor. Eu capto tempo. Eu lucro tempo.

Lucrar tempo é, a meu ver, um dos grandes objetivos de uma empresa para todos que desejam empreender em busca por maior qualidade de vida. O lucro financeiro analisado de forma isolada é um grande erro que precisamos corrigir no meio empresarial atual. Ele é importante, mas não é o principal.

O lucro financeiro deve ser reinvestido para lucrar tempo. E se você conseguir desenhar uma empresa com o objetivo de lucrar tempo desde o início, nem precisará investir muito de seu lucro financeiro assim. Ele poderá ser acumulado, junto do tempo que você terá para você.

Vivemos em uma sociedade que tem pressa. Pressa para fazer mais em menos tempo, para poder chegar mais rápido a um destino que não existe. As pessoas estão correndo agora para salvar suas vidas mais tarde. Mas esse mais tarde nunca chega.

A maioria das pessoas já acorda todos os dias acelerada, na tentativa de terminar logo a longa lista de tarefas. Tenta-se terminá-las antes para poder ter mais tempo para fazer outras coisas. É provável que você acorde mais cedo para poder malhar, para chegar mais rápido no escritório, para terminar logo suas tarefas, para poder sair mais cedo, para buscar seu filho na escola, para poder colocá-lo para dormir mais cedo, para conseguir dormir mais cedo. E começar toda a rotina acelerada no dia seguinte. Eu quero que sua empresa rode no automático, não você.

O que importa fazer tudo com pressa se você não poderá ter seu dia de volta? Velocidade é um conceito relacionado a tempo, mas também a esforço e resistência. As pessoas desejam atalhos, formas de resolver tudo mais depressa. Não é à toa que livros de produtividade vivem em alta. Hábitos eficazes, alta performance etc.

Acontece que existe uma ironia nisso tudo. As pessoas querem soluções rápidas para seus problemas, quando, na verdade, seus problemas estão sendo causados por toda essa pressa. Erich Fromm, famoso psicanalista, escreveu cinquenta anos atrás: "O homem moderno pensa que ele perde algo, tempo, quando ele não faz as coisas rapidamente, porém ele não sabe o que fazer com esse tempo que ele ganha a não ser desperdiçá-lo."

As pessoas não usam tempo extra para relaxar ou se conectar com amigos e familiares. Ao contrário, usam esse tempo extra para socar ainda mais coisas para fazer e se manter no loop da velocidade.

Não vendemos planilhas por acaso. Não abandonamos a consultoria por acaso. Foi o mindset de criar uma empresa que capturasse tempo, que pudesse rodar no piloto automático, que nos levou a esse caminho.

Esse mindset me fez entender que o objetivo de minhas empresas é capturar tempo. Satisfação dos clientes é fundamental, crescimento é legal, lucro financeiro também. Mas nada disso valerá a pena se sua empresa sugar todo seu tempo e fizer você enfartar de estresse e ansiedade. Se você, como dono do negócio, não lucra tempo, não está valendo a pena.

Essa lógica também pode ser usada por empresas grandes e/ou que têm negócios não digitais. Por exemplo, a Nestlé criou a Nespresso e seu modelo patenteado de máquinas de espresso e cápsulas que é uma verdadeira aula de como é possível capturar mais valor com produtos físicos. Enquanto um quilo de café Pilão custa cerca de R$22, a Nespresso vende um pacote de 10 cápsulas, com 5 gramas de café cada uma, por R$22. Ou seja, um quilo de café Nespresso custa R$440, ou 20 vezes mais do que o café pilão.

Mas o que permitiu que a Nespresso cobrasse esse valor? Ela criou uma experiência equivalente a ter um barista em sua casa tirando uma xícara de café espresso perfeita. Em vez de ir a uma cafeteria, as pessoas passaram a fazer isso no conforto de suas casas, em um processo simples e fácil. A Nespresso terceirizou para seus clientes o "fazer uma xícara de café espresso". A empresa capturou mais valor, gastando menos recursos e tempo. O cliente saiu mais feliz, se sentindo um verdadeiro barista profissional que tira um café espresso como ninguém apertando só um botão.

As máquinas da Nespresso são fabricadas por indústrias chinesas, e o café é produzido por produtores ao redor do mundo. A Nestlé possui a propriedade intelectual do sistema de máquinas e cápsulas. Não estou dizendo que os executivos da Nestlé passaram a ficar mais tempo em casa por causa do sucesso da Nespresso, mas estou mostrando que criar empresas e produtos que usam o mindset de capturar mais valor e mais tempo no mundo físico também é possível. Talvez os desafios sejam maiores e seja necessário maior investimento em relação ao digital.

Pegue o exemplo de empresas como o Cheftime, que entrega em sua casa kits de comida pronto para você cozinhar suas próprias refeições. No fundo, é a junção do supermercado com a experiência de pratos saborosos que você tem em restaurantes. Novamente, terceirizando para o usuário parte do processo, mas gerando um resultado final com o melhor de dois mundos.

Capturar mais valor e mais tempo é possível, basta adotar esse mindset.

REFLEXÕES
DO CAPÍTULO 5

- » Não seja um mero operário, seja o designer.
- » Seja o designer de sua vida para poder criar o estilo de vida que deseja.
- » Seja o designer de sua empresa para poder desenhar sua vida.
- » Não seja um empreendedor centralizador.
- » Desenhe uma empresa capaz de capturar mais valor e tempo do que custa para entregar.
- » Desenhe uma empresa lean.
- » Desenhe uma empresa com alta escalabilidade.
- » Crie alto valor para poder comprar seu tempo e sua liberdade de volta.
- » Tenha foco na mágica e em um nicho de mercado.
- » Capturar mais valor e tempo é um mindset.

COLOCANDO EM PRÁTICA

> "Nunca acontecerá se você não tentar."
> — J. Balvin

A criação de uma empresa automática, capaz de capturar tempo e liberdade para mim, não foi algo que aconteceu da noite para o dia. Foram anos de desenvolvimento, com várias recaídas e erros no caminho. A jornada empreendedora é assim.

Um grande equívoco é pensar que a criação de um negócio é uma trajetória crescente e linear. Afinal, quando fazemos projeções de vendas em planos de negócios, adotamos cenários realistas, pessimistas ou otimistas, mas todos sempre com taxas de crescimento constantes.

É impossível prever crises, erros de estratégia, erros de fornecedores, dores de crescimento, curvas de aprendizado etc. Não é possível prever o caos. A dura realidade é que essa jornada, se for projetada em um gráfico, parece mais um sobe e desce igual à bolsa de valores ao longo dos anos. O crescimento vem em ciclos de altos e baixos.

Dependendo do ciclo, a sensação é a de que certas vezes damos dois passos para trás para dar um passo para a frente.

Chamo isso de ciclos de desenvolvimento. Normalmente, assim que você passa por uma fase de crescimento, você, em seguida, se depara com uma fase mais difícil. Ela pode ser uma fase de queda nos resultados ou até mesmo uma fase em que você "anda de lado". Elas podem vir em diferentes formatos, mas são fundamentais para ajudá-lo a enxergar os erros que existiam, mas que você não enxergava por achar que estava tudo bem.

Ciclos de Desenvolvimento

Essas são as fases de aprendizado e provavelmente as mais importantes fases em sua jornada. Elas podem não ser as mais prazerosas, mas se você encará-las como as fases que lhe ajudarão a se tornar uma versão melhor e entrar em uma nova fase de crescimento, você as aproveitará muito melhor.

A própria cronologia da LUZ foi assim. Tive altos e baixos em ciclos que duraram, em média, dois anos. Eles foram mais ou menos assim:

» De 2008 a 2010: abri a empresa em 2007 e fui me dedicar integralmente a ela em 2008. Os primeiros dois anos foram de puro crescimento e conquistas, mesmo com a crise do subprime. Grande destaque para 2010 por causa de uma grande quantidade de clientes participantes do Prime, um subsídio da FINEP a empresas inovadoras, que incluía uma verba considerável a ser gasta em serviços de consultoria.

» De 2011 a 2012: a segunda edição do Prime não foi realizada, e todo o caixa da empresa foi gasto na montagem de um escritório que tinha um coworking e uma loja de consultoria. Foram anos bem difíceis, de finanças no limite e sem caixa algum.

» De 2013 a 2014: foi quando a empresa girou a chave para uma oferta 100% digital. Saímos de consultoria e focamos a venda online de planilhas. Vendemos o coworking e montamos uma equipe dedicada ao marketing digital. Foi lindo.

Colocando em Prática

» De 2015 a 2017: por causa da troca do melhor software internacional de automação de marketing por um software brasileiro, passamos a cair na caixa de spam dos clientes e perdemos 70% de nossas vendas. Ignorei tudo o que valorizava em termos de qualidade de vida e resolvi embarcar com meus sócios na criação de um software de educação via chatbot que não deu certo. Foi a gota d'água para voltar às origens.

» De 2018 a 2020: voltamos com foco total na venda de planilhas e fomos ainda mais fundo na automação e terceirização como forma de criar uma empresa automática que capturava tempo e nos proporcionava qualidade de vida. Foram meus melhores anos. Foi quando me mudei para o Canadá e realizei outros vários sonhos.

Em algum momento, um ciclo ruim virá, faz parte da vida. Mas tenho mais tranquilidade para enfrentá-los, pois sei que tenho margem de manobra suficiente para não ir além dos limites de minha sanidade mental.

Neste capítulo, apresentarei a você uma série de ferramentas de automação, fontes e dicas para terceirizar rotinas de trabalho para ter essa mesma margem de manobra, as ferramentas necessárias para criar uma empresa automática e comprar seu tempo e sua liberdade de volta. Mas entenda que minhas recomendações talvez não funcionem de imediato para você. Provavelmente será necessário testar diferentes opções e combinações que funcionarão bem com seu negócio.

Eu mesmo já testei ferramentas de que não gostei na primeira vez e só fiquei satisfeito com a terceira opção. Ou então, testei uma e não me encantei, mas depois de testar outras várias, retornei à primeira opção e me entendi melhor com ela. À medida que você evoluir nos testes, se tornará um automatizador ou terceirizador mais experiente. Assim, poderá analisar e decidir melhor.

Também não se sinta mal se você até agora veio tocando as coisas de forma errada. Eu também errei muito para chegar até aqui. A verdade é que eu ainda erro bastante e busco melhorar todos os dias. Estou sempre atento a decisões que tomam meu tempo para poder corrigir o quanto antes.

Eu também já aprendi um bocado, já testei muita ferramenta e ainda testo, vivo testando diferentes plataformas de freelancers e, acima de tudo, sempre pensando em como posso capturar mais tempo.

Talvez o seu negócio ainda não seja digital. Talvez nem seja possível torná-lo 100% digital. Você pode ser dono de um restaurante ou talvez de uma empresa de construção. Mas avance no que é possível digitalizar, e faça isso de pouco em pouco. Comece investindo em uma planilha com algumas macros para ajudar na sua precificação, adote um sistema financeiro que emita notas fiscais automaticamente para você, adote uma máquina lava-louças que lhe ajudará a economizar tempo, água e mão de obra. O importante é sempre avançar em direção à captura de tempo.

A pandemia de coronavírus fez muitos negócios acelerarem a digitalização. Restaurantes continuaram tendo cozinhas físicas, mas criaram e-commerces para vender online e entregar via delivery. Construtoras ainda constroem prédios fisicamente, mas passaram a oferecer visitas virtuais e assinatura de contratos digitalmente. Em algum grau, é possível digitalizar o seu negócio.

Seja qual for o percentual de digitalização que você conseguir adotar, eu garanto que cada passo lhe permitirá capturar mais tempo do que você imagina.

❯❯ O MODELO DE NEGÓCIO AUTOMÁTICO

Eu já falei anteriormente que desenhar o modelo de negócios de nossas empresas precisa contemplar como nós criamos, entregamos e capturamos valor.

Criar e entregar valor é uma parte fundamental de qualquer empresa, e ela precisa estar alinhada com as necessidades e os desejos de nossos clientes. Afinal, você precisa oferecer e entregar algo que alguém tenha interesse em comprar. Seja um produto ou serviço, a criação e entrega de valor é o grande propósito das empresas: atender e satisfazer seus clientes.

Um modelo de negócio automático é aquele que trará liberdade para sua vida. É aquele que, em vez de capturar apenas valor em forma de ganhos financeiros, também captura valor em forma de tempo e liberdade.

Da mesma forma como os ganhos financeiros são resultado do quão bem criamos e entregamos valor, a captura de tempo e liberdade também é resultado disso. Só que, em vez de modelarmos nosso modelo de negócios para maximização de lucros, nós o faremos pensando em equilibrar ganhos financeiros e a captura de tempo.

Vale aqui relembrar a equação de modelo de negócio que diz que o valor criado precisa ser maior do que o valor e o tempo capturado, que precisa ser maior do que o custo financeiro e o custo de tempo para entregar esse valor.

Gosto de olhar para o tempo capturado como liberdade e o custo de tempo para entrega como estresse. Eu preciso deixar meus clientes felizes, mas ao mesmo tempo gerar liberdade e reduzir o estresse envolvido nessa equação. Ou seja, gero felicidade para eles e para mim.

Mas, para ir um pouco mais a fundo, adotarei o *Business Model Canvas* como ferramenta para explicar melhor como operacionalizar o modelo de negócios de empresas automáticas. Acredito que o canvas ajuda a visualizar e a estruturar as principais áreas do funcionamento de um negócio.

Para aqueles que não conhecem, o *Business Model Canvas* é uma ferramenta visual, composta por nove blocos construtivos, capaz de descrever o seu modelo de negócios em uma única página. Ele foi criado a partir de uma tese de doutorado, de Alexander Osterwalder, que mais tarde viria a se tornar o autor do livro *Business Model Generation*.

Parcerias-Chave	Atividades-Chave	Propostas de Valor	Relacionamento	Segmentos de Clientes
	Recursos-Chave		Canais	
Estrutura de Custos				Fontes de Receitas	

Sucesso em todo o mundo, o *Business Model Canvas* rapidamente se tornou a ferramenta mais famosa para prototipar modelo de negócios de novas empresas ou ajudar na inovação de negócios já estabelecidos.

Segundo a lógica dos três elementos-chave de um modelo de negócios, é possível visualizarmos o *Business Model Canvas* em três grandes blocos: criação, entrega e captura.

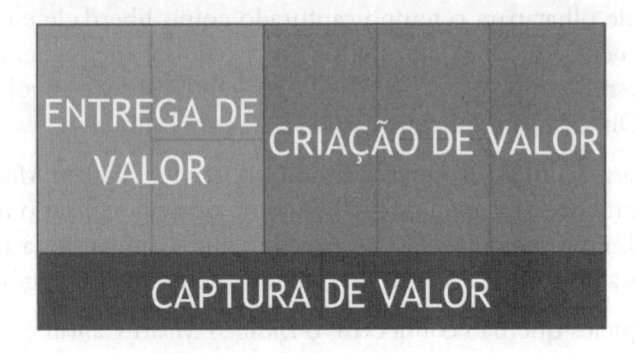

[Diagrama: ENTREGA DE VALOR | CRIAÇÃO DE VALOR / CAPTURA DE VALOR]

A criação de valor engloba os blocos de proposta de valor, canais, atendimento e segmentos de clientes. A entrega de valor engloba os recursos-chave, atividades-chave e parceria-chave. E a captura de valor engloba as fontes de receita e a estrutura de custos.

Para simplificar e utilizar uma linguagem mais prática, podemos dizer que o bloco de criação de valor representa o marketing, o bloco de entrega de valor é o operacional, e o de captura de valor é o financeiro.

[Diagrama: OPERACIONAL | MARKETING / FINANCEIRO]

Se formos pensar em como hackear o modelo de negócios para capturar tempo e liberdade, precisamos entender que todos esses três grandes blocos podem ser digitalizados e automatizados ou terceirizados.

Para ficar um pouco mais claro, vamos ver como o modelo de negócio da LUZ era na época da Consultoria.

A LUZ Consultoria era uma empresa de serviços de consultoria empresarial que atendia pequenas e médias empresas. Fazíamos isso no modelo tradicional de projetos com preço fechado, mas calculados com base no valor hora/homem. A venda dos projetos era um processo longo que envolvia reuniões, elaboração de propostas e muita negociação. O projeto era feito pelos consultores, presencialmente com os clientes e exigia muito deslocamento, comunicação e atendimento. Veja como era o nosso canvas nessa época:

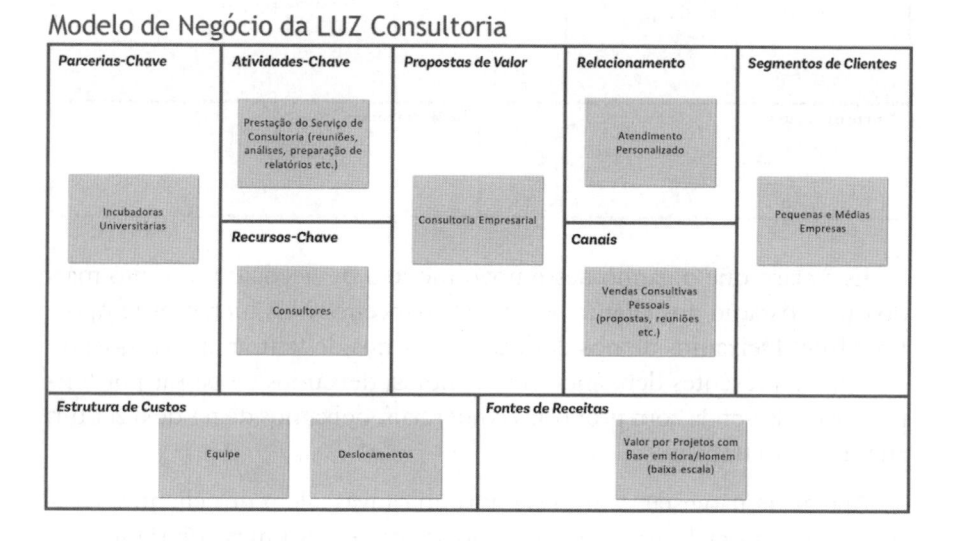

Modelo de Negócio da LUZ Consultoria

Parcerias-Chave	Atividades-Chave	Propostas de Valor	Relacionamento	Segmentos de Clientes
	Prestação do Serviço de Consultoria (reuniões, análises, preparação de relatórios etc.)		Atendimento Personalizado	
Incubadoras Universitárias		Consultoria Empresarial		Pequenas e Médias Empresas
	Recursos-Chave		**Canais**	
	Consultores		Vendas Consultivas Pessoais (propostas, reuniões etc.)	

Estrutura de Custos		Fontes de Receitas
Equipe	Deslocamentos	Valor por Projetos com Base em Hora/Homem (baixa escala)

Quando migramos para a venda de planilhas, utilizamos a expertise de vários anos atendendo essas empresas e empacotamos o resultado final de vários projetos em sistemas criados no Excel.

Continuamos atendendo o mesmo público, mas passamos a oferecer produtos digitais cobrados e entregues via download, com um marketing 100% automatizado em um e-commerce que permitia o autoatendimento. O cliente se serve do que quiser, coloca no carrinho, paga e baixa para o seu computador. Trabalhamos para criar um bom portfólio de produtos e planilhas que exigiam o mínimo de suporte. A criação das planilhas, apesar de arquitetada por nós, é feita por especialistas em Excel e suas fórmulas e macros. Veja o canvas como ficou:

Modelo de Negócio da LUZ Planilhas

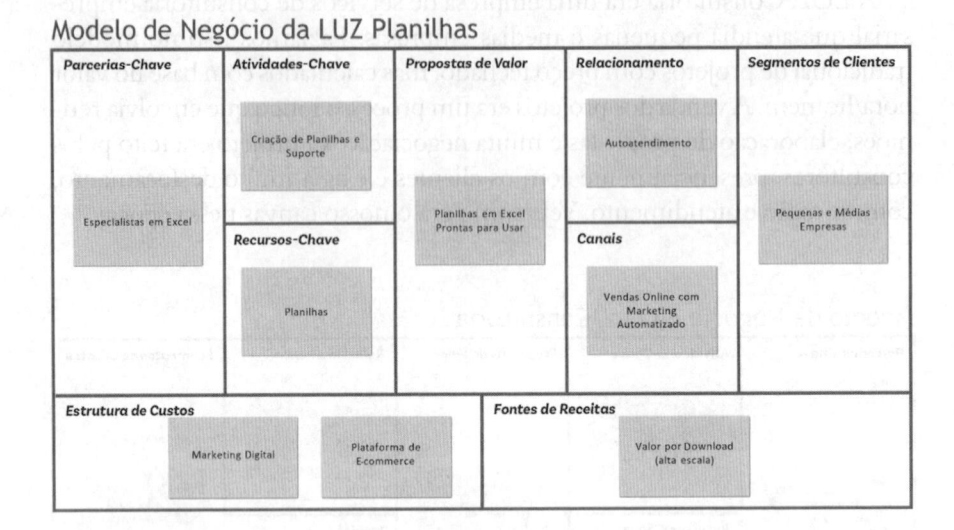

Parcerias-Chave	Atividades-Chave	Propostas de Valor	Relacionamento	Segmentos de Clientes
Especialistas em Excel	Criação de Planilhas e Suporte	Planilhas em Excel Prontas para Usar	Autoatendimento	Pequenas e Médias Empresas
	Recursos-Chave		Canais	
	Planilhas		Vendas Online com Marketing Automatizado	

Estrutura de Custos		Fontes de Receitas
Marketing Digital	Plataforma de E-commerce	Valor por Download (alta escala)

Está claro que o ganho desse novo modelo de negócio foi muito mais do que satisfação dos clientes ou lucro financeiro. Nós lucramos tempo e liberdade. Deixamos de nos deslocar, deixamos de faturar apenas quando estávamos presentes debitando nossas horas, deixamos de passar por longos ciclos de venda com propostas comerciais, deixamos de ter de fazer um atendimento trabalhoso.

Apesar de não estar claro nesse último canvas, além dos clientes, levamos de um modelo para o outro a nossa mágica. A única coisa que você precisa fazer em sua proposta de valor é a mágica, que não é possível delegar a ninguém externo (seja softwares ou empresas/freelancers terceiros). Por isso, vamos olhar de uma maneira um pouco diferente para o canvas, agora dividindo-o em cinco grandes blocos.

AUTOMATIZAR E/OU TERCEIRIZAR	MÁGICA	AUTOMATIZAR E/OU TERCEIRIZAR
CAPTURAR TEMPO		CAPTURAR $$$

A mágica é onde você investe o seu tempo, pois ninguém mais consegue fazer e é onde você tem enorme prazer. Automatizar e/ou terceirizar o seu marketing permitirá que você capture dinheiro no automático e em alta escala. Automatizar e/ou terceirizar o seu operacional é o que permitirá que você capture tempo.

Mas para isso, é preciso criar os sistemas que lhe permitirão criar duas máquinas. Uma máquina de vendas e uma máquina de operações. Duas máquinas capazes de funcionar sem a presença do dono do negócio. Capazes de gerar resultados em alta escala de forma consistente.

MÁQUINA DE OPERAÇÕES	+	MÁQUINA DE VENDAS
= CAPTURAR TEMPO E DINHEIRO		

Imagine essas máquinas sendo coordenadas, em sua maior parte, por robôs, de forma automática. O resto é feito por um exército de freelancers. Visualizou? Então, é isso que aprenderemos aqui neste capítulo. Vejamos, então, como executar isso na prática.

≫ MÁQUINA DE VENDAS

Automatizar o seu marketing deve ter como objetivo criar uma máquina de vendas. O mais interessante do marketing, quando digital, é que você pode automatizar de 80% a 90% dele facilmente. Ferramentas de geração de tráfego e automação de marketing foram uma das que mais avançaram tecnologicamente nos últimos dez anos de internet. E existiu um motivo para isso: era fácil vender e cobrar valores altos por ferramentas que ajudam você a vender mais.

Para ser mais prático, eu gosto de pensar no marketing e no atendimento como integrantes de um grande funil de vendas. Basicamente, um funil de vendas organiza as etapas pelas quais seu cliente passa ao longo do processo de compra. O conceito de funil é utilizado, pois existe uma perda de uma etapa para outra. Ou seja, nem todos os que se interessam pelo seu produto ou serviço se tornarão clientes. Pode entrar um monte de gente no seu funil, mas só alguns poucos sairão como clientes.

A referência genérica para um funil de venda diz que a cada cem potenciais compradores, apenas um ou dois comprarão. Isso significa que só teremos de 1% a 2% de conversão em vendas. Esse percentual pode variar bastante de um setor para outro, mas sempre será abaixo de dois dígitos.

A estruturação de seu marketing como um funil lhe ajudará a usar o pensamento de sistemas, conforme mencionei no Capítulo 3. Esse pensamento lhe ajudará a entender que, uma vez estruturado, é possível criar estratégias para cada etapa, automatizar ou terceirizar, e medir o resultado de conversão.

Como já mencionei antes, minha empresa LUZ tem seu funil de vendas inteiramente automatizado. Isso é possível, pois pensamos em estratégias que permitiram a criação de um funil que leve o nosso potencial cliente de uma etapa para outra de forma 100% automatizada.

Uma empresa automática bem-sucedida precisa saber automatizar o funil de vendas o máximo que pode. Existem inúmeras formas de estruturar as etapas de um funil, e elas provavelmente variarão para cada tipo de negócio. Gosto dos funis que pensam da pré-venda até o pós-venda.

A pré-venda é tudo aquilo que vem antes de o cliente pagar, e isso começa pela atração dos clientes ou a divulgação de sua empresa, seus produtos e serviços a eles. Isso geralmente é feito por meio de publicidade e, no mundo digital, significa gerar tráfego para seu website.

Vamos usar o funil a seguir como exemplo e falar sobre as estratégias de automação e terceirização que podemos usar em cada uma delas.

Funil de Vendas

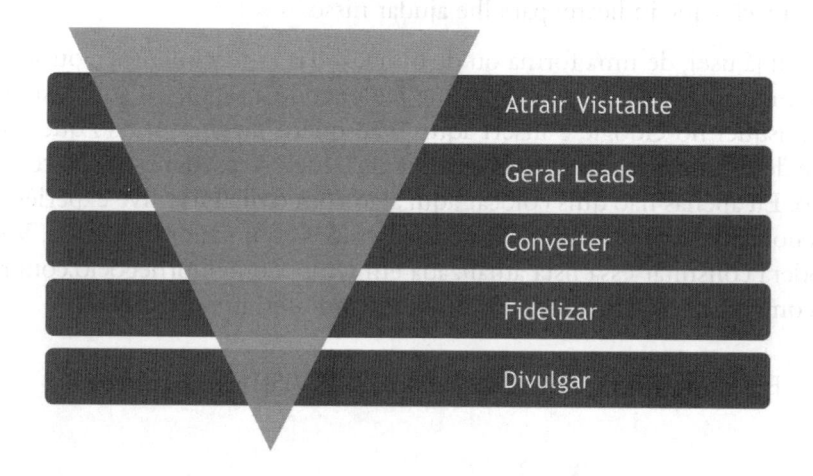

- Atrair Visitante
- Gerar Leads
- Converter
- Fidelizar
- Divulgar

ETAPA 1: ATRAIR VISITANTES

Essa etapa contempla gerar atenção para sua empresa, seu produto ou serviço. Isso pode ser feito por meio de publicidade online ou offline, posicionamento de seu ponto de venda e o design de sua vitrine. No mundo online, essa atração acontece por meio de estratégias conhecidas como inbound ou outbound marketing.

O inbound marketing é a atração de visitantes por meio do chamado tráfego orgânico, ou seja, aquele em que você não paga diretamente por cada visita. Geralmente, isso é feito por meio do marketing de conteúdo, que nada mais é do que criar posts em blogs, e-books, conteúdo em redes sociais etc. Esse tipo de conteúdo costuma ser descoberto pelo usuário, e apesar de exigir investimento de tempo e dinheiro para criar o conteúdo, uma vez no ar, ele costuma dar resultados por um longo tempo.

Já o outbound marketing é a atração de visitantes por meio de publicidade online paga, normalmente através dos chamados links patrocinados. Ou seja, é pagar ao Google ou ao Facebook para expor seus anúncios em resultados de busca ou no seu feed e assim chamar a atenção de potenciais interessados. Você paga geralmente por clique ou impressão de seu anúncio, e ele gerará resultado enquanto você estiver pagando por ele.

Existe toda uma ciência para otimizar seus esforços de outbound marketing, e elas envolvem qualidade de texto, imagens, estratégias de lances, objetivos das campanhas etc. Existe uma série de agências e ferramentas de automação que indicarei para lhe ajudar nisso.

Eu já usei, de uma forma ou de outra, todas as ferramentas e/ou serviços indicados a seguir. Nada do que recomendo a seguir eu simplesmente busquei no Google e inseri aqui. Não quero dizer com isso que você não deva buscar e testar novas ferramentas. Inclusive, sugiro que você faça isso. Eu apenas não quis colocar aqui algo com o qual não tive experiência como usuário para manter a lista de sugestões com maior qualidade. Você poderá consultar essa lista atualizada em tempoeomelhornegocio.com.br/recomendacoes/, afinal estou sempre testando ferramentas novas.

FERRAMENTAS E SERVIÇOS PARA ATRAIR VISITANTES (ETAPA 1)

» *Outbound — Links Patrocinados*

É possível criar anúncios em plataformas como Google, Facebook, Instagram, Bing, Yahoo etc. Todas essas plataformas têm ferramentas de automações embutidas e permitem desde automação de lances, objetivos de campanha, metas etc. até a criação dinâmica de anúncios para descobrir quais dão melhor resultado. O número de funcionalidades é imenso e pode assustar, mas as plataformas têm melhorado muito sua usabilidade e facilidade de compreensão mesmo para quem é novato. Recomendo que você teste todas elas.

» *Google Adwords* — https://ads.google.com

O Google é, para mim, a melhor plataforma de anúncios que existe. Seja pela qualidade e robustez, seja pelas opções e ferramentas de automação. O grande diferencial do Google está nos anúncios feitos nos resultados de busca. Se você vende panelas de pressão, ele mostrará seu anúncio para quem estiver buscando esse termo. O fato de um internauta buscar um determinado termo indica que ele tem um interesse específico, com grandes chances de ser um interesse de compra, no que você está anunciado.

» *Facebook Ads* (inclui Instagram) — https://www.facebook.com/business/ads

O Facebook é a maior rede social do mundo, e muitas pessoas ainda passam horas de seu dia navegando pelo seu feed de notícias. A plataforma do Facebook hoje integra o Instagram, Messenger e outros sites parceiros, mas seus anúncios, diferente do Google, são feitos com base no perfil dos usuários. Se você quiser anunciar uma panela de pressão, não será para quem buscar por esse termo, mas, sim, para um tipo de perfil de participantes da rede. Por exemplo, donas de casa que residem nas cidades A, B e C. Ou pessoas que curtem a página do MasterChef.

» *Bing Ads* e *Yahoo Gemini* — https://bingads.microsoft.com/ e https://gemini.yahoo.com/

O Bing e o Yahoo funcionam de forma muito semelhante ao Google, e apesar de estarem atrás de inúmeras maneiras, ainda são fontes importantes de usuários que não podem ser ignoradas.

» *Pinterest* — https://ads.pinterest.com/

O Pinterest é uma ferramenta usada por muita gente para se inspirar visualmente. Por isso, se seu negócio vende produtos que têm grande apelo visual, vale a pena investir parte de seu orçamento nos anúncios do Pinterest.

Se você quiser escolher uma única plataforma para anunciar, não tenha dúvidas: vá ao Google se seu produto ou serviço tiver grande volume de buscas. Em segundo lugar, sugiro o Facebook, principalmente anúncios no Instagram para produtos ou serviço com apelo visual.

» *Automação de Links Patrocinados*

Como eu disse, as plataformas de anúncio já têm ferramentas de automação que permitem que parte do processo seja otimizado automaticamente. Porém, sempre é possível ir além. Se você se sente confiante para dar um próximo passo para atingir novos patamares, existem ferramentas que automatizam lances em leilões, fazem testes A/B, negativam palavras-chave automaticamente e sugerem mais um monte de possibilidades.

» *Opteo* — https://opteo.com/

O Opteo é uma ferramenta fantástica para você poder ter insights de performance de campanhas, redes de display, bloquear palavras-chave ou sites que não estão performando bem, aumentar investimento nas campanhas que estão com ROI positivo etc. Vale muito a pena.

» *AdEspresso* — https://adespresso.com/

O AdEspresso é uma ótima forma de fazer uma grande quantidade de testes A/B no Facebook e no Instagram. Por serem plataformas em que a imagem faz muita diferença, o alto volume de testes e combinações de imagens com textos feitas pelo AdEspresso ajuda a aumentar suas chances de criar um anúncio que gere resultados positivos.

» *Acquisio* — https://www.acquisio.com/

O Acquisio é uma plataforma de inteligência artificial para otimizar suas campanhas de Google e Facebook. É como se você pegasse o Opteo e o AdEspresso e colocasse um robô inteligente para tomar as decisões por você em busca do maior ROI possível. É uma ferramenta cara, mas é um belo exemplo do nível de automação possível nos dias de hoje.

Minha sugestão é que você use o Google como seu guru para ver outras opções que eu talvez não tenha listado aqui. Faça isso da seguinte forma: busque por "adwords automation", ou, em português, "automação de adwords". Ou seja, busque o nome da plataforma de anúncios + automação/automation.

» *Marketing de Afiliados*

Eu particularmente não sou um fã de marketing de afiliados, mas não posso deixar de mencioná-los como estratégia para atrair visitantes. Geralmente, afiliados funcionam bem com infoprodutos (ex.: cursos) de valores altos e em nichos específicos (ex.: como ficar rico com a bolsa de valores por R$2 mil), pois o alto comissionamento é fundamental para atrair os melhores afiliados. As três maiores plataformas de marketing de afiliados no Brasil são:

> *Hotmart* — https://www.hotmart.com/en
>
> O Hotmart é a maior plataforma de afiliados do Brasil e vem evoluindo com aquisições e desenvolvimento de sua plataforma para facilitar quem vende cursos e produtos digitais.
>
> *Monetizze* — https://monetizze.com.br/
>
> *Eduzz* — https://www.eduzz.com/
>
> Monetizze e Eduzz estão correndo atrás do líder e oferecem o diferencial de taxas mais baixas.

» Canais de terceiros (marketplaces)

Em negócios automáticos, você precisa ter seu próprio canal, como um site, mas ele deve ser acompanhado de canais terceirizados, em geral marketplaces (sejam app stores, agenciadores, corretores/representantes comerciais etc.). O uso e a dependência de um único canal pode ser um limitador da capacidade de distribuição e consequente geração de receita de que um negócio saudável precisa.

Cada nicho de mercado ou tipo de produto costuma ter alguma espécie de marketplace próprio. Por exemplo, quem vende cursos online pode e deve colocar seu curso à venda no Udemy. Se você vende algum tipo de produto físico, pode vender na Americanas, no Magazine Luiza etc. Ou, quem vende planilhas pode e deve vendê-las por meio do marketplace da LUZ Planilhas. E assim por diante.

» Agência, Terceirização e Criativos

Se você tiver dificuldade de gerenciar por conta própria as plataformas, incluindo a criação de peças gráficas para seus anúncios, recomendo que contrate freelancers bem qualificados nas seguintes plataformas:

> *Upwork* — https://www.upwork.com/

O Upwork é hoje minha plataforma favorita para encontrar e contratar freelancers. Eles fazem uma excelente curadoria dos freelancers que lá estão, e até hoje não tive arrependimentos nas contratações que fiz por lá. O único problema é que você precisará se comunicar em inglês com a maioria absoluta deles e o custo é em dólar.

› *Workana* — https://www.workana.com/

O Workana é uma plataforma de freelancers internacional, mas com boa presença no Brasil. Eu gosto da experiência, acho que você pode encontrar profissionais com bom custo-benefício, mas sem a qualidade do Upwork.

› *99Freelas* — https://www.99freelas.com.br/

O 99 freelas é outra opção legal, brasileira, que oferece uma experiência semelhante ao Workana. Estão mais ou menos no mesmo nível de qualidade.

» *Ferramentas Faça Você Mesmo*

Se você não é um designer, mas tem coragem e tempo para arriscar e orçamento mais limitado, recomendo as ferramentas a seguir para gerar imagens e/ou vídeos para seus anúncios:

› *Canva* — https://www.canva.com/

O Canva é uma ferramenta simples que permite que qualquer um seja um pouco designer. Ela tem inúmeros templates já em formatos para redes sociais, fontes, imagens de banco de dados etc. Tudo bem fácil de usar.

› *Placeit* — https://placeit.net/

O Placeit é uma ferramenta estilo Canva, mas que permite que você seja um pouco mais ousado e crie também vídeos para usar em redes sociais e anúncios. Eu já usei para fazer uns vídeos bem legais para anúncios de meus sites.

› Creative Market e GraphicRiver — https://creativemarket.com/ e https://graphicriver.net/

O Creative Market e o GraphicRiver são meus sites favoritos para comprar templates prontos. Pode ser de logomarcas, posts de mídias sociais, websites etc. Eu diria que são sites para usuários mais avançados, que conseguem pegar arquivos em PSD e mexer no Photoshop para se adequar às suas necessidades.

» *Agências de Design, Mídia e etc.*

Eu não recomendo contratar diretamente agências. Já tive inúmeros problemas com elas, fossem pequenas ou de grande porte, baratas ou caras. Hoje em dia, é possível contratar agências por meio dos sites citados, principalmente no Upwork.

O que diferencia contratar uma agência diretamente ou por meio de um desses sites é que o esforço para manter o nível de satisfação é muito maior. Se eu não gostar do trabalho realizado através do Upwork, eu não pago e ainda dou uma nota ruim. Isso tem um impacto direto sobre a captação de novos clientes e, portanto, é algo que as agências que usam essas plataformas para captar clientes farão de tudo para não deixar acontecer.

» *Anúncios Offline*

Não entrarei em detalhes, pois, ao contrário dos anúncios digitais em que as plataformas existentes são globais, anúncios offline dependem diretamente da localização de seu negócio. Se você tiver uma rede de lojas ou um restaurante no bairro X da cidade Y, existirá um conjunto de rádios, televisão, jornais, revistas etc. específicos para sua cidade. Também serão opções empresas de panfletagem, cartazes, carros de som etc. que só existem perto de você.

Anúncios offline costumam ser caros, não permitem uma forma fácil de mensurar seu resultado e, para quem vende online, exigem que o cliente faça a ponte entre ser impactado no mundo offline e fazer a compra no online. Ou seja, a chance de conversão é menor.

Apesar de achar válido testar anúncios offline, acredito que todos precisam trazer ao máximo seus negócios para o mundo digital. Já defendi a digitalização, os gêmeos digitais e outras formas de você iniciar esse processo neste livro. Não demore, comece o quanto antes para poder usufruir da total liberdade que só o mundo digital permite a você.

» Inbound Marketing

O Inbound visa trazer à sua empresa visitantes de forma orgânica, ou seja, sem que você pague diretamente por cada visita. Ele custa dinheiro, é um investimento, mas pode continuar dando frutos mesmo depois que o investimento já não ocorra mais. É uma estratégia de resultado mais longo, nem sempre certo, mas que não pode ser ignorada.

» Terceirização de Marketing de Conteúdo

Criar conteúdo dá trabalho, e fazer bem feito é algo que nem todo mundo consegue. Existem, hoje, grandes empresas especializadas em criar conteúdo para você e um exército de freelancers que são feras. Muitas empresas que usei no passado não proporcionaram boa experiência, portanto, minha sugestão é buscar profissionais nas plataformas de freelancers que mencionei antes.

» Search Engine Optimization

SEO ou Search Engine Optimization é o nome dado a estratégias para otimizar seu site (e o conteúdo dele) para aparecer melhor posicionado nos resultados orgânicos de ferramentas de busca. É uma ciência e está sempre mudando com os algoritmos dos buscadores, como o Google. Novamente, minha recomendação é encontrar e escolher profissionais bem avaliados nas plataformas de freelancers. Se quiser você mesmo aprender sobre SEO e gerenciar isso, você pode usar as seguintes ferramentas:

› *Ahrefs* (https://ahrefs.com)
› *Semrush* (https://semrush.com)

As duas são as ferramentas líderes de mercado e são muito boas. Em ambas você consegue fazer auditorias de seu site, monitorar rankings, extrair métricas e insights de problemas e oportunidades de melhorias para ganhar mais tráfego orgânico.

> » *Mídias Sociais*

Mídias sociais são hoje fonte de tráfego e descoberta orgânicas tão importantes quanto ferramentas de busca. É muito provável que você já tenha descoberto alguma empresa, produto ou serviço porque algum amigo ou influenciador tenha mencionado sobre em alguma rede como YouTube ou Instagram.

Existem ferramentas que ajudam no processo de postagem e até têm funcionalidades de automação, mas é fundamental que você busque por ferramentas de automação específicas para a rede social em que você esteja focando sua produção de conteúdo. É bom lembrar também que muitas das redes sociais vêm restringindo a atuação de ferramentas de automação, pois robôs começaram a inflar números e a gerar resultados falsos. Portanto, cuidado.

> ⟩ *Buffer* — https://buffer.com/
> ⟩ *Hootsuite* — https://hootsuite.com/

O Buffer e o Hootsuite são as principais ferramentas para ajudar com o processo de produção e postagem em redes sociais. Já usei ambas e afirmo que são fundamentais se você leva a produção de conteúdo para redes sociais a sério.

ETAPA 2 — GERAR LEADS

Segundo uma pesquisa da Episerver,[1] 92% dos visitantes de seu site não estão preparados para fazer uma compra na primeira vez que o acessam.

Mas se esse visitante acessou seu website e depois foi embora, como você cria um relacionamento com ele até que ele esteja pronto para comprar de você? Você o transforma em um lead. E como você faz isso? Você precisa conseguir o e-mail dele.

---

1 https://www.prnewswire.com/news-releases/study-92-percent-of-consumers-visiting-a-retailers-website-for-the-first-time-arent-there-to-buy-300390086.html

Na verdade, quanto mais dados você capturar sobre ele, melhor. Mas pedir informação demais também reduz suas chances. Afinal, ninguém quer dar um monte de informações assim de bandeja. Mas uma vez que você consegue o e-mail, pode enviar uma sequência de e-mails automatizada com uma série de conteúdos que aumentem o interesse e a confiança em sua empresa.

Se você for uma varejista do mundo físico, pode capturar o e-mail de seus compradores ou interessados, oferecendo vantagens, como programas de fidelidade, acesso a promoções exclusivas, sorteios etc. Existe uma série de formas de incentivar clientes a darem seus e-mails em seus pontos de venda.

Capturar leads e transformá-los em clientes é parte essencial da automação de seu funil de vendas. Leads precisam ser nutridos para que você os converta em clientes. Eles precisam receber conteúdo, ganhar confiança, ser bajulados, entendidos etc.

» *Automação de Marketing*

As ferramentas de automação de marketing gerenciam esse processo descrito e permitem que você crie landing pages, formulários inteligentes para capturar e-mails e informações, envie sequências de e-mails que se adequam ao perfil de seu usuário etc. São ferramentas bastante completas e com grande número de funcionalidades. Aprender a usá-las por completo não é difícil, mas leva algum tempo. Uma vez que esteja tudo no lugar, é incrível o que elas são capazes de proporcionar.

› *HubSpot* — https://www.hubspot.com/

HubSpot é uma das maiores ferramentas de automação de marketing e talvez a principal responsável por desenvolver esse mercado. Com o hubspost, é possível criar landing pages, formulários inteligentes, pontuar os leads conforme probabilidade de compra, criar sequências de e-mails e mais um monte de coisa.

› *ActiveCampaign* — https://www.activecampaign.com/

O ActiveCampaign é semelhante ao HubSpot e é a ferramenta que usamos atualmente na LUZ. É mais acessível e tem uma interface muito fácil de mexer.

› *ConvertKit* — https://convertkit.com/

O ConvertKit é uma ferramenta semelhante ao HubSpot e ao ActiveCampaign, porém mais simples e mais user friendly. Usei no meu site do analista de negócios, mas hoje estou no ActiveCampaign.

› *Mailchimp* — https://mailchimp.com/

O Mailchimp é provavelmente a ferramenta de e-mail marketing mais famosa do mundo. Apesar de ter começado com apenas a funcionalidade de gerenciamento de listas de e-mail e envio de newsletters, aos poucos está se tornando uma ferramenta de automação de marketing completa.

» CRM — *Vendas Complexas/B2B*

Para quem tem negócios que fazem vendas complexas com ciclos de venda mais longos, que incluem etapas de negociação e emissão de propostas, recomendo o uso de algumas ferramentas que ajudam na organização e automação desse processo, com grande impacto na taxa de sucesso.

› *Pipedrive* — https://www.pipedrive.com/

Pipedrive é um software estilo kanban que permite que você gerencie um funil de vendas, controlando seus prospects e suas negociações, permitindo registro e gerando indicadores da performance de suas vendas. Uma solução alternativa brasileira ao Pipedrive é o Agendor.

› *Ramper* — https://ramper.com.br/

O Ramper é um software que ajuda a automatizar a geração de leads enviando cold e-mails com base em regras definidas por você. Você pode argumentar que esse software poderia estar na etapa 1 (e está certo), mas ele é 100% feito para ajudar as equipes de vendas B2B a escalar seus esforços iniciais de prospecção e, assim, preencher o funil com mais oportunidades de vendas.

ETAPA 3 — CONVERTER

Pronto, seu potencial cliente se convenceu de que deve comprar de você. É como se você estivesse pronto para bater o pênalti. As chances são grandes, mas pequenos erros podem fazer você perder o gol.

O processo de adicionar ao carrinho, preencher formulários de checkout, digitar dados do cartão, ou seja, entrar na fila de um caixa ou assinar uma proposta precisa estar bem estruturado, ou o cliente pode desistir no momento final.

» E-commerce/Checkout

Existem inúmeras plataformas que facilitam a criação de websites com sistemas de pagamento (os chamados e-commerces). Antes de a LUZ ter planilhas prontas para a venda, nós criamos um e-commerce que vendia nossos serviços de consultoria. Era uma forma simples e fácil de estar online e poder cobrar o cliente no cartão e vender parcelado.

Para plataformas de e-commerce, nós usamos duas boas opções:

› *Shopify* — https://pt.shopify.com/

O Shopify é hoje a maior plataforma de e-commerce do mundo. Nascida na cidade onde eu resido atualmente, Ottawa, trata-se de uma plataforma robusta e fácil de usar. Está chegando no Brasil devagar, mas promete revolucionar o mercado.

› *WooCommerce* — https://woocommerce.com/

O WooCommerce é uma plataforma open-source que roda junto ao WordPress. Ela é barata e extremamente flexível, mas exigirá um pouco de ajuda de programadores freelancers. Você encontra todos eles lá no Upwork.

» *Automação de Recuperação de Carrinho*

É muito comum que clientes desistam de realizar a compra com os itens no carrinho. Faltando tão pouco assim, é possível, com ferramentas de automação, converter partes desses desistentes em clientes. Existem várias no mercado, tanto para o Shopify quanto para o WooCommerce. Ou ferramentas dedicadas como a CartStack (http://cartstack.com.br/), que usa pool de cookies e e-mails.

» Terceirização de Entregas

As entregas de seus produtos não precisam ser feitas por você. Restaurantes deixaram de ter frotas de motoboys, pequenos varejistas pararam de depender dos correios ou de ter de comprar veículos para entrega própria. A seguir, duas empresas que já usei em diferentes situações e que são uma mão na roda.

› *Melhor Envio* — https://melhorenvio.com.br/

O Melhor Envio permite que você cote simultaneamente com diversas transportadoras e gere envios com rastreio inteligente em uma plataforma integrada.

Mandaê — https://www.mandae.com.br/

Mandâe é a sua alternativa ao serviço dos Correios, permitindo que você terceirize sua entrega para a melhor transportadora disponível para o trajeto entre você e seu cliente.

› *Loggi* — https://www.loggi.com/

A Loggi é uma espécie de Uber dos motoboys. Perfeita para fazer entregas rápidas dentro de um raio de atuação.

ETAPA 4 — FIDELIZAR

Fidelizar seus clientes é um processo que pode começar até mesmo antes da realização da venda, mas é no pós-venda que ele se solidifica.

A fidelização é algo que precisa ser pensado com calma, para evitar que se torne uma grande fonte de custo e estresse, mas quando bem feita, pode fazer toda a diferença na sua paz de espírito e em seus resultados financeiros.

» Chat

Ferramentas de chat são uma excelente forma de ter uma conversa mais pessoal com seus clientes e/ou potenciais clientes e entender suas dúvidas, preocupações, sugestões etc. Porém, apesar de permitirem que você faça atendimento de onde estiver, chats exigem respostas instantâneas, e isso pode demandar muito tempo e gerar estresse. Porém, é possível adotar ferramentas de chat com robôs, que têm respostas predefinidas e orientam melhor seus clientes.

> *Facebook Messenger* — https://developers.facebook.com/docs/messenger-platform/discovery/customer-chat-plugin/

O Facebook oferece gratuitamente o Facebook Messenger para ser instalado em websites. Apesar de não ter um chatbot propriamente dito, ele tem respostas dinâmicas e trilhas de conversação que podem ajudar bastante na triagem do atendimento.

> *Live Chat* — https://www.livechatinc.com/chatbot/

O Live Chat é um dos primeiros e maiores aplicativos de chat para websites do mundo. Atualmente eles têm um chatbot bem bacana. Vale a pena dar uma conferida.

Algumas ferramentas de help desk (mais sobre elas a seguir) e de automação de marketing como o HubSpot[2] oferecem também chatbots e talvez justifiquem seu investimento mais alto por causa desses recursos adicionais.

Existem também plataformas como o Tawk.to, que permitem que você contrate atendentes para fazer o atendimento via chat por você. No Brasil, é possível contratar freelancers para fazer esse atendimento para você, seja via Messenger, WhatsApp ou plataforma de chat de sua escolha. Dá uma conferida no 99Freelas buscando por "atendimento chat".

» *Help Desk*

Sistemas de help desk permitem que você transforme o atendimento via e-mail em um processo mais organizado e até mesmo automatizado.

Eles transformam mensagens de e-mail em tickets de atendimento, direcionam para diferentes pessoas conforme o tópico, respondem automaticamente baseado em regras, criam páginas de ajuda com as perguntas

---

2 https://www.hubspot.com/products/crm/chatbot-builder

mais frequentes, indicam o tempo médio de resposta e até fazem pesquisas de satisfação ao final.

Você, por exemplo, pode ter um banco de dados de respostas prontas que um freelancer pode usar para responder seus clientes. Você também pode direcionar e-mails sobre questões financeiras para seu contador ou para a empresa que realizar rotinas financeiras para você.

Eu já usei várias ferramentas de help desk, mas atualmente uso o Help Scout. Deixo a seguir o link de todas as três que já usei, pois são todas bastante similares.

> *Help Scout* — https://www.helpscout.com/

> *Zendesk* — https://www.zendesk.com/

> *Freshdesk* — https://freshdesk.com/

Telefone

A telefonia ainda tem um grande peso no atendimento ao consumidor, mas pode ser algo de alto custo. Resolvi cortar 100% do atendimento telefônico da LUZ Planilhas. Existe um preço a se pagar por isso, pois certos clientes ficam chateados ou até mesmo nem compram por causa disso. Mas o custo era muito mais alto do que o retorno. Muitos negócios estão usando o WhatsApp Business (https://www.whatsapp.com/business/) com grande sucesso como forma alternativa ao telefone.

De qualquer modo, existem soluções de telefonia na nuvem que permitem uma série de automações. Por exemplo, o Atende Simples permite que seus clientes liguem para um número de atendimento e peçam a segunda via de um boleto sem precisar falar com um atendente. Podem também saber sobre o status da entrega de seu pedido. Tudo isso por meio de integrações com plataformas de e-commerce e outras ferramentas.

> *Atende Simples* — https://www.atendesimples.com/

PABX na nuvem com uma série de integrações e automações. Tenha um número 0300 ou 0800 em poucos dias e dependa de nenhum ou de poucos atendentes.

» *Upsell e Cross-sell*

Também é fundamental ressaltar que as ferramentas de automação de marketing, quando corretamente integradas ao seu website, podem identificar quais produtos foram comprados e disparar automaticamente e-mails oferecendo produtos complementares aos seus clientes.

ETAPA 5 — DIVULGAR

Seus clientes podem ajudar você a conquistar novos clientes. Para isso, é fundamental que você crie estratégias para aproveitar que seus clientes mais satisfeitos ajudem na divulgação e tragam novas vendas.

» *Pesquisa de satisfação/Avaliações*

Como eu disse, só lhe indicará quem estiver satisfeito, então um dos primeiros passos é fazer uma pesquisa de satisfação com seus clientes. Alguns softwares de help desk e automação de marketing já têm isso embutido, mas pode-se também buscar softwares dedicados a pesquisas, como o SurveyMonkey ou o Typeform.

› *SurveryMonkey* — https://www.surveymonkey.com/

Um dos softwares de pesquisa mais antigos e famosos, o SurveyMonkey tem uma série de funcionalidades para ajudá-lo nessa missão.

› *Typeform* — https://www.typeform.com/

O software de pesquisa e formulário com a melhor experiência do mercado.

› *Tracksale* — https://tracksale.co/

Uma forma simples e direta de medir a satisfação do cliente é via NPS (Net Promoter Score), que pergunta sua probabilidade de indicar a empresa para amigos. A Tracksale tem um software específico para isso.

› *Judge.me* — https://judge.me/

O Judge.me é um app que pede que seus clientes façam avaliações de seus produtos automaticamente. Além de integrar com várias plataformas de e-commerce, o Judge.me coloca a pesquisa diretamente no corpo do e-mail, aumentando muito o número de respondentes.

› *BirdEye* — https://birdeye.com/befound/

Para quem tem negócios locais, uma das formas fundamentais para atrair mais clientes é ter boas avaliações no Google Maps. O BirdEye automatiza esse processo para você.

» *Referência/Indicações*

Existem softwares que lhe ajudam a automatizar e a facilitar o processo de recomendação, criando sistemas de incentivos para seus clientes. Ou seja, quem indica ganha descontos e outros benefícios por ajudá-lo.

› *ReferralHero* — https://referralhero.com/

O ReferralHero pode ser integrado com diferentes sistemas e ajudá-lo no processo de divulgação, oferecendo uma série de combinações diferentes.

› *Customer Reviews for Discount* — https://br.wordpress.org/plugins/customer-reviews-woocommerce/

O Customer Reviews for Discount é um plugin para WooCommerce que eu uso e faz exatamente o que seu nome diz: ele pede avaliações e dá descontos para quem as submete.

» MÁQUINA DE OPERAÇÕES

O operacional da empresa é o back-office, aquilo que acontece atrás do palco, no backstage, mas que é fundamental para o show acontecer. Empreendedores tendem a centralizar boa parte dessa operação ou viabilizá-la com muitos funcionários mal pagos e mal-preparados. Isso gera altos custos financeiros e de tempo.

Temos de estruturar e otimizar as operações da empresa exatamente para o oposto: elas precisam ser de baixo custo financeiro e tomar pouco tempo do empreendedor.

Enquanto o marketing e o funil de vendas são muito semelhantes entre as empresas, as operações de cada uma variam bastante. É difícil conseguir sintetizar aqui todos os possíveis cenários para cada tipo de empresa que existe, portanto, você terá de ir além das dicas deste livro e buscar soluções que se encaixam melhor às necessidades e ao perfil de sua empresa.

A otimização que Pavel fez para seus imóveis no Airbnb é diferente da que o Dr. Paulo fez para seu escritório. Mesmo assim, listarei algumas ferramentas, automações e terceirizações que podem ajudar a um grande número de diferentes empreendedores e suas atividades do dia a dia.

Uma máxima que também deveria orientar suas escolhas é: alugue tudo o que puder, em vez de ser proprietário. Use um serviço de entregas, em vez de comprar carro ou motos; alugue servidores na nuvem, em vez de comprar servidores locais; ande de Uber, em vez de usar seu carro para trabalhar etc.

》 *Comunicação*

Comunicação é um elemento-chave de qualquer empresa, mas ainda mais importante para quem quer usufruir dos benefícios do trabalho remoto e quer terceirizar tarefas para freelancers na internet. Por isso, ferramentas de comunicação são a peça-chave nas operações de sua empresa automática.

Em vez de escritórios com mesas de trabalho, salas de reunião, murais de comunicação interna e arquivos físicos, é preciso usar salas de bate-papo, softwares de videoconferência, agendas compartilhadas, e-mails e pastas de arquivos na nuvem.

› *Slack* — https://slack.com/

Na minha opinião, o Slack é o coração central de uma boa empresa remota. Foi o que permitiu à LUZ se tornar 100% remota e é até hoje nosso veículo de comunicação interna. O bom do Slack é que ele é mais do que um software de chat. O Slack se integra com outras ferramentas, e por meio dele é possível criar tarefas ou saber se elas foram finalizadas, se uma venda foi feita em seu site, se um novo ticket de atendimento foi gerado, se uma avaliação negativa foi feita em seu site. Ou seja, ele é o quartel-general de sua empresa. Indispensável.

⟩ *Dropbox* — https://www.dropbox.com/

O Dropbox é onde todos os arquivos de minhas empresas estão. Ele é o substituto dos antigos servidores locais de arquivos ou de pen drives. No Dropbox, é fácil compartilhar arquivos com quem está em sua empresa ou fora dela. Outra ferramenta indispensável.

⟩ *G Suite* — https://gsuite.google.com.br/

O Google Suite é uma ferramenta para empresas que permite que você use o Gmail, Google Drive, Calendário, Documentos, Planilhas, Apresentações, Grupos etc. com o domínio de seu site. Todos os e-mails da luz.vc são gerenciados pelo G Suite. Vale cada centavo.

⟩ *Zoom* — https://zoom.us/

O Zoom é a melhor ferramenta de videoconferência do momento, na minha opinião. Mas não faltam opções, como o Skype, Google Meet, Whereby etc.

» *Gerenciamento de Tarefas*

Gerenciar tarefas é algo imprescindível para organizar meu trabalho criativo e/ou projetos que delego e gerencio junto a terceiros, e alguns softwares podem ajudar.

⟩ *Trello* — https://trello.com/

O Trello é o software mais simples e flexível que existe no mercado, além de ser de graça. Ele se adapta a qualquer tipo de empresa e/ou projeto com muita facilidade.

Para quem quer ter um software mais completo de gerenciamento de equipes e projetos, existem algumas boas opções. Eu já os testei, mas acabei preferindo o caminho da simplicidade do Trello. Mas outras opções que valem mencionar são:

⟩ *Asana* — https://asana.com/

⟩ *Monday* — https://monday.com/

› *Basecamp* — https://basecamp.com/

» *Processos*

Toda empresa automática tem bons sistemas funcionando. Esses sistemas nada mais são do que processos bem desenhados e seguidos à risca para manter a qualidade e evitar riscos. Existem softwares bacanas dedicados a isso, como o Pipefy, mas existem outras empresas que estão adicionando essa funcionalidade a seus softwares atuais, como é o caso do Slack e do Trello.

› *Pipepy* — https://www.pipefy.com/

› *Slack Workflow* — https://slack.com/intl/en-ca/features/workflow-automation

› *Butler for Trello* — https://help.trello.com/article/1198-an-intro-to-butler

» *Agenda*

Uma das coisas que pode tomar muito o nosso tempo são as idas e vindas de e-mails para escolher um melhor horário e data para reuniões.

› *Calendly* — https://calendly.com/

Calendly é líder nesse mercado e o mais fácil e legal de usar. Integra com seu G Suite e outras plataformas de calendário para fácil sincronização.

Para quem trabalha prestando serviços com horário marcado, como médicos, dentistas, salões de beleza etc., aconselho olhar algumas soluções brasileiras, como:

› Super SaaS — https://www.supersaas.com.br/

› Calendrier — https://www.calendrier.com.br/

› Agenda Aí — https://www.agendaai.com.br/

Colocando em Prática

» *Administrativo-Financeiro*

As rotinas financeiras podem ser amplamente automatizadas hoje em dia com o uso de softwares que permitem a integração com bancos para fazer a conciliação bancária automaticamente e também que você emita notas fiscais sem grande estresse, faça cobranças, dê baixa nos pagamentos etc.

❯ *Conta Azul* — https://contaazul.com/

Existem alguns softwares financeiros no mercado, mas o que eu mais curto (e uso) é o Conta Azul. Várias funcionalidades legais para facilitar e automatizar sua vida.

❯ *Contabilizei* — https://www.contabilizei.com.br/

O Contabilizei é um serviço de contabilidade online que vem automatizando cada vez mais seus processos com tecnologia. Também o uso e recomendo.

» *Assinatura de documentos*

Em 90% dos casos, não é mais preciso assinar documentos físicos e registrá-los em cartório. Se você gera sempre contratos de serviço com seus clientes, adote agora mesmo uma ferramenta de assinatura digital e elimine impressão de papel, motoboy, cartórios etc.

❯ *DocuSign* — https://www.docusign.com/

❯ *Clicksign* — https://www.clicksign.com/

❯ *Certisign* — https://www.certisign.com.br/produtos/portal-de-assinaturas

» *Integrações entre softwares*

Alguns softwares têm integração direta entre eles, mas nem sempre. Para esses casos, existem softwares que ajudam nessa integração e que valem a pena serem conferidos. Recomendo os três softwares a seguir:

> Pluga — https://pluga.co/

> Zapier — https://zapier.com/ —> https://zapier.com/apps/integrations/

> IFTTT — https://ifttt.com/

>> *Secretárias virtuais*

Nem tudo é automatizável no seu operacional. Por exemplo, você precisará receber notas fiscais e organizá-las para enviar ao seu contador, terá que fazer os lançamentos no banco para realizar o pagamento de boletos, etc. São tarefas pequenas, mas que, somadas, podem tomar bastante de seu tempo.

Para essas tarefas, as empresas de secretariado virtual são excelentes. Existem muitas no mercado, e eu sinceramente só uso uma, a Temporis (https://www.temporisassessoria.com.br/).

Contratar uma empresa de secretariado virtual é igual a contratar um funcionário: tem de escolher vários candidatos, entrevistá-los e depois treiná-los. Costuma levar alguns meses até os processos ficarem redondos. Portanto, alinhe suas expectativas e invista em uma relação de qualidade.

>> CAPTURA DE DINHEIRO

Comumente achamos que a captura de dinheiro é conseguir vender, gerar receita. Eu pensava assim, ficava feliz com a venda, mas depois sofria com a dificuldade de aquelas vendas conseguirem me remunerar como sócio da empresa. Não demora muito para qualquer empreendedor entender que o que importa é o lucro.

A lucratividade de uma empresa é o que é capaz de dizer se uma empresa é saudável ou não. Lucro permite expansão por meio de reinvestimento, investimento em tecnologia, distribuição de dividendos entre os sócios etc. O lucro é uma das esferas fundamentais da sanidade mental empresarial.

Muito se aprende sobre vendas, muito se aprende sobre contabilidade, mas pouco se ensina sobre lucro. "O lucro é uma consequência", dizem. Mas, assim como montar um modelo de negócio capaz de capturar tempo e gerar liberdade é algo que temos de ter desde o início, o lucro também é uma das coisas que uma empresa precisa nascer objetivando.

Temos dois tipos de lucro: o lucro bruto e o lucro líquido. Para entender a diferença entre eles é necessário entender a diferença entre custos fixos e variáveis.

Os custos variáveis são aqueles relacionados aos valores gastos pela empresa para produzir ou oferecer os serviços aos clientes. Eles variam de acordo com a quantidade produzida ou com a prestação dos serviços. É o custo do insumo necessário para fabricar o produto a ser vendido. É o custo do profissional que presta o serviço e do material que ele usa.

Já os custos fixos se referem aos gastos que não dependem da produção, pois são gastos que a empresa terá de toda maneira. É o caso de gastos com o aluguel do espaço, contas de luz, água, telefone, internet e folha de pagamento, por exemplo.

Quando pensamos em criar uma empresa capaz de ser lucrativa, existem duas regras de ouro:

» Os custos fixos devem ser eliminados por completo, ou o máximo possível.

» Os custos variáveis precisam ser de, no máximo, 20% das receitas.

Por exemplo, na LUZ, eliminamos o máximo de custos fixos que conseguimos. Não pagamos aluguel, não pagamos salários a funcionários, não pagamos energia elétrica, não pagamos água, não pagamos por serviço de faxina do escritório etc.

Os custos fixos que temos são aqueles dos quais não foi possíveis fugir, como contabilidade, e os que estão relacionados a ter uma empresa digital, como nossa plataforma de e-commerce.

Já em relação os custos variáveis, nós vendemos um produto digital que nos custa algumas centenas de reais para criar, mas uma vez feito isso, não existe custo de mercadoria vendida. Se eu vendi dez planilhas de fluxo de caixa ou se eu vender dez mil planilhas de fluxo de caixa, meu custo de fabricação dela terá sido um só.

Para pessoas que vendem produtos ou prestam serviço, o seu custo não deve ser maior do que 20%. Isso significa que você precisa ter uma margem de 5 vezes o valor de custo. Se você vende uma mochila de R$200, ela precisa ter custado no máximo R$40. Se você presta um serviço de R$100, ele precisa ter lhe custado R$20 no máximo.

Pode parecer agressivo para você que não tinha o lucro como objetivo desde a largada, mas a verdade é que eu ainda peguei leve nessa métrica. O ponto ideal mesmo é conseguir ter uma margem de 7 a 10 vezes de seu valor de custo. É essa margem que lhe permitirá ter uma empresa lucrativa e capturar dinheiro de verdade.

Se você não consegue ver seus clientes pagando o valor com esse markup, precisa corrigir um dos seguintes prováveis erros:

1. Você está vendendo o produto/serviço errado.
2. Você está vendendo para o público errado.
3. Você está utilizando um fornecedor/insumo errado.

Em algum destes pontos, será necessário fazer uma correção. A mágica que você faz precisa refletir nesse markup. Seja a mágica na capacidade de agregar no valor percebido pelos seus clientes, seja na capacidade de operacionalizar seu modelo de negócio a baixo custo.

O lucro bruto é o lucro que você gera ao subtrair os custos variáveis das suas receitas, e o lucro líquido é o lucro bruto subtraído dos custos fixos. Isso significa que, na empresa automática, a diferença entre o lucro bruto e o lucro líquido deve ser mínima, e sua lucratividade deve ser de, no mínimo, 50%.

A lucratividade alta é o que permitirá que sua pequena empresa, que vende R$20 mil por mês, lucre R$10 mil. Menor volume de vendas, em uma empresa automática, significa poucas horas de trabalho, baixa quantidade de estresse.

E, como eu disse, diversificar seu risco e suas fontes de receita é um ponto fundamental para sua liberdade e sanidade mental. Ou seja, se você tiver três empresas que, juntas, geram R$60 mil e lucram R$30 mil por mês, cada uma delas tomando 3 horas de seu dia, apenas, e se 3 horas por dia significam, no total, 66 horas de trabalho no mês, você está se ganhando R$450 por hora. Limpo, no seu bolso. Nada mal, não é?

Alguns outros pontos fundamentais para capturar dinheiro com maestria, ao meu ver, são:

1. Receba dinheiro virtual: ou seja, aceite cartão de crédito online e recuse pagamentos em cheque, transferência bancária ou qualquer outro tipo de pagamento que não seja digital e fácil de automatizar.

2. Busque vendas repetitivas: isso pode ser feito (a) por meio de assinaturas, mensalidades ou qualquer tipo de comprometimento de pagamentos regular ou (b) mediante fidelidade e conveniência. Por exemplo, a Nespresso vende máquinas que geram fidelidade às suas cápsulas. Já a Amazon torna tão fácil e cômodo comprar, que você vive comprando com nela.

Capturar dinheiro não é dar um preço ou escolher uma forma de cobrar pelos seus produtos e serviços. Capturar dinheiro é pensar na matemática mais profunda de seu modelo de negócios. É obter margens maiores com custos diretos menores. É ter um operacional mais eficiente.

Capturar dinheiro não é mágica. É engenharia. É arquitetar desde o primeiro dia em seu modelo de negócio automático. Não pense que é consequência. É a causa.

›› FERRAMENTAS PARA RECEBER DINHEIRO VIRTUAL

Os chamados gateways de pagamento são empresas que lhe permitem cobrar online de seus clientes, principalmente via cartão de crédito.

› PayPal — https://paypal.com

O PayPal é o mais tradicional gateway de pagamentos do mundo, com alto reconhecimento e confiança em sua marca. Ele também lhe permite vender internacionalmente e cobrar em diferentes moedas.

Outros gateways de pagamento que já usei e recomendo são:

› Pagar.me — https://pagar.me/
› Iugu — https://iugu.com/

> PagSeguro — https://pagseguro.uol.com.br/

›› CAPTURA DE TEMPO

Você deve ter percebido que posicionei a captura de tempo exatamente onde fica a estrutura de custos em um canvas. Fiz isso por um simples motivo: enxergar a saída de dinheiro como custo é uma péssima forma de pensar. Uma vez escutei em um podcast o investidor Josh Hannag, sócio-diretor na Matrix Ventures, dizer que os melhores CEOs são os melhores alocadores de capital.

Imagine um cenário no qual duas empresas batalham para inovar, crescer e conquistar mercado. A empresa A mantém sua alocação de capital consistente em equipe, tecnologia e marketing, fazendo poucas mudanças ao longo do tempo. A empresa B está constantemente avaliando sua alocação de capital, decidindo aumentar ou reduzir investimentos conforme sua estratégia muda, e se ajusta em busca de um crescimento mais acelerado e novas oportunidades de mercado. Ao longo do tempo, qual das duas empresas você acha que se destacará?

Se você escolheu a empresa B, você está certo. Na verdade, uma pesquisa da McKinsey[3] indica que, após quinze anos, a empresa B valerá 40% mais do que a empresa A. A mesma pesquisa apontou que a maior parte das empresas pesquisadas se parece com a empresa A. Isso demonstra que existe uma enorme desconexão entre o comportamento de estrategistas que descartam negócios pouco atraentes ou dobram suas apostas em grandes oportunidades e a forma como eles alocam o capital de suas empresas.

Ao longo de dois anos, os pesquisadores da McKinsey tentaram entender se existe um padrão de alocação de capital, sua relação com performance e suas implicações com a estratégia. Eles descobriram que, apesar de a inércia ainda dominar a maioria das empresas, naquelas onde o capital flui mais facilmente em direção às oportunidades de investimento os retornos no longo prazo são maiores e o risco de falência é menor.

---

[3] https://www.mckinsey.com/business-functions/strategy-and-corporate-finance/our-insights/how-to-put-your-money-where-your-strategy-is

O destino do capital em sua empresa não deve ser visto meramente como custos, portanto, não os enxergue como "capital sendo queimado". Capital é um recurso valioso que permite realizar objetivos estratégicos e deve mudar conforme as prioridades e as oportunidades mudarem.

Alocar seu capital é como pensar em onde investir. A quais áreas eu devo destinar meu orçamento? Na empresa automática, esse orçamento deve ser investido em tudo aquilo que compra tempo de volta, que permite que se capture tempo. Por isso, investir em automações e terceirizações é fundamental. Todo o seu operacional deve estar focado nisso e, portanto, seus custos e despesas devem ter o foco na captura de tempo.

O que muitos não se tocam é que esses investimentos costumam tornar sua saída de dinheiro menor, pois tornam sua empresa mais eficaz e escalável, o que, por sua vez, ajuda a gerar um lucro maior. Ter alta lucratividade e dinheiro em caixa também permite que você faça novos investimentos em direção a oportunidades de mais receita.

Na LUZ, temos capital disponível para investir em novas tecnologias de automação ou na criação de novos produtos. O mesmo ocorre com minhas outras empresas. Existe caixa, graças à alta lucratividade, para alocar capital na direção para a qual o mercado está caminhando.

A alocação de capital inteligente é o que é capaz de capturar mais tempo e de manter seu negócio evoluindo e se mantendo atualizado com as mudanças do mercado.

REFLEXÕES
DO CAPÍTULO 6

» Colocar em prática é um exercício de tentativa e erro.

» O modelo de negócio automático entrega valor com menor custo financeiro e de tempo.

» O modelo de negócio automático captura dinheiro e tempo.

» O modelo de negócio automático automatiza e/ou terceiriza o marketing e o operacional.

» O modelo de negócio automático vira uma máquina de vendas e uma máquina operacional que funcionam sem a atuação do dono.

» Capturar dinheiro é mais do que gerar receitas, é gerar lucro.

» Lucro precisa ser pensado desde o início como a causa, e não a consequência.

» Capturar tempo é fruto de uma alocação de capital bem-feita.

LIBERTE-SE

> "Toda vez que você disser SIM para algo que não quer fazer, isto acontecerá: você ficará ressentido com as pessoas, fará um trabalho ruim, terá menos energia para as coisas nas quais estava fazendo um bom trabalho, você fará menos dinheiro, e uma pequena porcentagem de sua vida será desperdiçada."
> — James Altucher

> "O maior hack de produtividade que existe é saber dizer não."
> — James Clear

Antes de empreender, eu me sentia como um presidiário dentro de uma cela, sem liberdade para fazer o que eu gostaria, para estar onde eu queria. Um dos grandes motivos que me fizeram empreender foi poder ganhar liberdade em diferentes aspectos em que me sentia aprisionado.

O primeiro tipo de liberdade que eu quis obter como empreendedor foi ter meu próprio horário. É provável que essa seja a liberdade desejada pela maioria de nós: se livrar da jornada fixa de oito horas de trabalho.

Quando comecei a empreender e fazer meu próprio horário, pude me dar ao luxo de começar a trabalhar mais tarde ou terminar mais cedo, de poder marcar de cortar o cabelo ou andar de bicicleta quando eu bem quisesse. Uma flexibilidade simplória, mas muito significativa.

Para todo empreendedor, porém, essa liberdade costuma não durar muito. Em pouco tempo, passamos a trabalhar mais do que quando éramos empregados. O trabalho vai para casa, a casa vai para o trabalho, tudo se mistura, e a liberdade de poder trabalhar no momento em que se deseja se transforma em trabalho em tempo integral, 24 horas por dia, 7 dias por semana.

Mesmo que você não esteja fisicamente no trabalho, ele está sempre em sua cabeça. A avalanche de responsabilidades cria um enorme peso em suas costas. O esforço para manter a velocidade e não rastejar é monstruoso. A empresa, que é uma grande fonte de satisfação, se transforma em uma fonte igual ou maior de insatisfação, anulando qualquer resultado positivo que tenha criado em sua vida.

É quando o desejo por um segundo tipo de liberdade aparece: libertar-se de sua própria empresa, de suas responsabilidades como dono dela. O desejo por este segundo tipo de liberdade passa a ser tão maior, que muitos empreendedores abandonam o sonho e voltam a ter empregos tradicionais. Já que a primeira liberdade foi por água abaixo e, de quebra, se ganhou uma dose muito maior de problemas, melhor voltar ao modelo anterior e parar de reclamar.

Mas acredito que a esta altura o livro já tenha lhe provado que é possível se libertar de sua empresa e continuar a ser um empreendedor. Eu não sabia na época, mas fui atrás disso, pois, para mim, voltar a ser empregado com jornada de trabalho não era uma opção. Eu não queria isso pelo resto de minha vida.

Uma certeza que tenho é a de que, se usarmos a tecnologia de maneira correta, ela poderá ser nossa maior chance de liberdade. Não apenas de empreendedores, mas de toda a humanidade. O principal obstáculo para nos libertarmos de nossas empresas não está na simples adoção da tecnologia, está em nossas cabeças. Está na forma como fomos programados a pensar.

Fomos criados em sistemas de horários rígidos na escola. Vivemos nossa vida em torno da semana de trabalho de cinco dias e do final de semana de lazer e descanso de dois dias. Das férias de trinta dias por ano. Você pode argumentar que tal sistema foi necessário para se organizar a vida em sociedade, mas prefiro argumentar que esse sistema já deveria ter morrido. Já não nos serve faz muito tempo.

E reinventar sua empresa e sua vida para um novo modelo exige que você ignore como será visto, o que pensarão, ou a lógica do "mas todo mundo faz assim". Sua fonte de inspiração precisa ser outra. É preciso se convencer de que será necessário jogar fora boa parte do que você aprendeu e se reinventar como pessoa para poder se reinventar como empreendedor.

O guru Satya Narayan Goenka já dizia que a paz mundial começa dentro de cada um de nós. Acredito que será a mudança dentro de nós que criará uma nova sociedade, novas formas de empreender e também de viver.

» DEIXE SEU EGO DE LADO

Posso culpar milhares de vezes os defeitos da sociedade atual, mas o grande culpado por me manter aprisionado e me fazer ter crises de pânico fui eu. Ou melhor, o meu ego. E por um motivo muito simples: nosso ego se preocupa mais com como vamos ser vistos do que com como nos sentimos internamente.

Acho graça quando vejo Youtuber, Instagrammer ou qualquer outro empreendedor famoso dizer que se aposentou aos vinte e poucos anos, vive de renda passiva ou qualquer outro desses jargões usados para se vender aos seus seguidores (e potenciais clientes).

Qualquer pessoa que tenha algumas poucas dezenas de milhares de seguidores em qualquer uma dessas redes pessoais deve receber facilmente mil mensagens por dia. Dar conta de responder todo mundo é algo que demanda muitas e muitas horas ou uma equipe muito grande de assistentes se passando por você.

O caminho do empreendedorismo que indico aqui neste livro não tem nada a ver com fama e sucesso. Tem a ver com ter tempo para viver sua vida com paz e tranquilidade, flexibilidade e liberdade.

Pode perguntar a qualquer pessoa famosa, seja ela um ator de novela da Rede Globo ou uma artista internacional como a Lady Gaga, do que elas mais sentem falta, e elas lhe responderão "a liberdade de andar na rua sem ser reconhecido", algo que perderam no momento exato em que ganharam fama.

Por que, na sociedade atual, quanto mais bem-sucedidos nos tornamos, menos liberdade temos? Isso está errado.

Empreender para capturar mais tempo, com um modelo de negócio automático, pensando em como priorizar sua qualidade de vida, em vez de fama e dinheiro, é algo que nenhuma revista empresarial está interessada em publicar. A capa da revista vai para quem mostra números grandes: grande quantidade de funcionários, grande quantidade de dinheiro captado, escritórios com grande quantidade de metros quadrados, números grandiosos que infelizmente não representam muita coisa.

Portanto, empreender de forma humilde é ignorar seu ego, ignorar a popularidade, ignorar a mídia, ignorar a fama. Prezar pela sua privacidade, ser discreto, reservado. Produzir vídeos para o Instagram, dar autógrafos, estar o tempo todo na mídia, em eventos etc. são coisas que dificilmente você conseguirá automatizar ou terceirizar. Talvez você encontre uma forma de balancear isso tudo: ser popular e ter tempo. Mas, para mim, simplesmente não faz sentido.

Eu já fiz parte do ecossistema empreendedor como o que podemos considerar um empreendedor de destaque. Eu era dono de startup, dono de coworking, dono de aceleradora de startups, mentor, jurado de competição de pitch etc. Já apareci em matérias no *Valor Econômico*, *Pequenas Empresas Grandes Negócios* e em *O Globo*. Já captei investimento de risco duas vezes, já sentei com grandes nomes do mercado de venture capital, já tive um network considerável. Para esse mundo de startup, eu sumi. Sumi para seguir em minha jornada de criar tempo para mim, não para a imagem que os outros têm de mim.

Todos nós, de um jeito ou de outro, somos atraídos pela fama. É sedutor. Mas, se formos honestos com nós mesmos, não é a fama que realmente queremos, é a validação de que nossa vida é significativa. Elogio, reconhecimento, milhões de seguidores no Instagram, pensamos, são a prova de que somos importantes. E até conseguirmos essas coisas, não temos tanta certeza de nossa importância.

Minha fama está na capacidade de fazer o bem àqueles que estão ao meu redor. Minha esposa, meus filhos, meus pais, meus amigos, meus vizinhos. Minha capacidade de ter tempo e bom humor para cuidar, ajudar, ser gentil e educado com aqueles que cruzo em meu dia a dia.

Emily Esfahani Smith escreveu um artigo incrível no *New York Times* intitulado "Você nunca será famoso — e tudo bem".[1] Emily diz que a fama é uma busca tola, e não onde o significado está. Em entrevista para Ryan Holiday, Emily compartilhou a opinião de Erik Erikson, psicólogo do século 20 que disse que uma vida significativa e próspera é "generativa":

"Quando somos jovens, devemos descobrir quem somos e qual é nosso objetivo. À medida que envelhecemos, devemos mudar o foco de nós mesmos para os outros e ser 'generativos'. Ou seja, devemos retribuir, especialmente às gerações mais jovens, fazendo coisas como criar filhos, orientar colegas, criar coisas de valor para nossa comunidade ou sociedade em geral, voluntariado etc. Cada um de nós tem o poder de ser generativo. Fama e glamour são sobre o eu — engrandecendo a si mesmo. Mas generatividade é conectar e contribuir para algo maior, que é a própria definição de levar uma vida significativa."

Não quero dizer com isso que você precisa empreender criando ONGs. Eu acredito que o papel de uma empresa é gerar lucro e tempo de forma ética. Você pode cobrar por seus produtos e serviços e atender a públicos dos mais diversos perfis. Seu bem-estar, sua capacidade de ajudar a si mesmo e aos outros começa dentro de você, dentro da paz de espírito individual.

Poucas pessoas podem nomear medalhistas de ouro dos últimos Jogos Olímpicos, mas todos podem nomear seus professores da oitava série, daquele vizinho de infância, pessoas que mudaram nossa vida. São as pessoas que tocamos. Esse é o teste real. É aí que você deixa sua marca.

≫ LIBERTE-SE DO TRABALHO

Você já se questionou por que a jornada de trabalho tem oito horas? Então por que você ainda a está seguindo? Os países mais produtivos do mundo não trabalham oito horas por dia. Na verdade, os países mais produtivos têm os dias de trabalho mais curtos.[2]

---

1 https://www.nytimes.com/2017/09/04/opinion/middlemarch-college-fame.html

2 https://www.fastcompany.com/4016006/the-worlds-most-productive-countries-also-have-the-shortest-workdays

Pessoas em países como Luxemburgo trabalham aproximadamente trinta horas por semana (ou seis horas por dia, cinco dias por semana) e ganham, em média, mais dinheiro do que as pessoas que trabalham mais horas em outros países.

Embora a figura do workaholic ainda seja enaltecida pela sociedade, como Elon Musk, CEO da Tesla e SpaceX, que trabalha de oitenta a noventa horas por semana,[3] é cada vez maior o número de pessoas que opta por trabalhar menos e descobre os inúmeros benefícios disso.

Claro que tudo depende do que você está tentando conquistar em sua vida. Elon Musk quer colonizar Marte. Aparentemente, ele também parece não passar muito tempo com sua família e está bem em relação a isso. E tudo bem. Cada um com suas prioridades, certo?

Mas o meu ponto é que precisamos deixar de lado alguns padrões de trabalho, começando pelo número de horas como indicador de qualidade de trabalho. Se você é como a maioria das pessoas, seu dia de trabalho é uma mistura de trabalho em baixa velocidade com alta distração em, por exemplo, mídias sociais e e-mail.

O "tempo de trabalho" da maioria das pessoas não é realizado com alta qualidade, em profundidade. Quando a maioria das pessoas está trabalhando, elas o fazem de maneira distraída, enrolam muito. Afinal, faz sentido, pois elas têm tempo de sobra para fazê-lo em uma jornada de trabalho convencional de oito horas.

No entanto, quando você é orientado para resultados, em vez de "estar ocupado", você está 100% focado quando está trabalhando. E 100% desfocado quando não está. Por que fazer algo no meio do caminho?

Para obter os melhores resultados em sua forma física, algumas pesquisas[4] descobriram que exercícios mais curtos, porém mais intensos, conhecidos como HIIT (High Intesity Interval Training ou Treinamento de Alta Intensidade Intercalado), são mais eficazes do que exercícios prolongados moderados.

O conceito é simples: atividade intensiva seguida de descanso e recuperação de alta qualidade. A maior parte do crescimento muscular

---

3 https://www.cnbc.com/2018/12/03/elon-musk-works-80-hour-weeks--heres-how-that-impacts--your-health.html

4 https://www.vox.com/science-and-health/2019/1/10/18148463/high-intensity-interval-training-hiit-orangetheory

ocorre durante o processo de recuperação. No entanto, a única maneira de realmente gerar isso é forçando-se à exaustão durante o treino.

O mesmo conceito se aplica ao trabalho. O melhor trabalho acontece em momentos intensos e curtos. Em resumo, estou falando de vinte minutos a três horas por dia, no máximo, o chamado "trabalho profundo", sem distrações do celular ou de colegas de trabalho.

Admito que atualmente é difícil ter esses momentos. Eu dificilmente consigo mantê-los por grandes períodos. Frequentemente, trinta minutos de trabalho intenso é capaz de resolver meus grandes desafios do dia. Ou seja, mesmo só trabalhando de duas a quatro horas por dia, resolvo a principal tarefa do dia em cerca de trinta minutos. Perceba o quanto mais de tempo livre eu ainda poderia liberar no meu dia.

Mas curiosamente, meu melhor trabalho, ao contrário do que a maioria das pessoas pensa, acontece quando estou longe do trabalho, "me recuperando". E garanto que o seu também. Nossos músculos crescem quando não estamos malhando. É quando estamos nos recuperando do exercício intenso feito anteriormente.

Portanto, aqui vai uma dica de ouro: para melhores resultados, gaste 20% de sua energia em seu trabalho e 80% de sua energia em recuperação e autoaperfeiçoamento. Quando você consegue um descanso de alta qualidade, está crescendo. Quando você aprimora continuamente seu cérebro, a qualidade e o impacto de seu trabalho aumentam continuamente.

É o que o psicólogo K. Anders Ericsson, professor de Psicologia da Universidade Estadual da Flórida, chama de "Prática Deliberada".[5] Não se trata de fazer mais, mas de treinar e se preparar melhor. É sobre ser estratégico e focado nos resultados, não focado na ocupação de seu tempo.

Em um estudo sobre criatividade,[6] apenas 16% dos entrevistados relataram ter novas ideias enquanto estavam no trabalho. As ideias geralmente surgiam enquanto estavam em casa, no transporte ou durante atividades recreativas. "As ideias mais criativas não virão enquanto estivermos sentados na frente do monitor", diz Scott Birnbaum, vice-presidente de Semicondutores da Samsung.

---

5 https://g1.globo.com/educacao/noticia/2019/08/25/como-dominar-novas-habilidades-com-a-pratica-deliberada.ghtml

6 https://www.designsociety.org/publication/30692/CHARACTERIZING+REFLECTIVE+PRACTICE+IN+DESIGN+%E2%80%93+WHAT+ABOUT+THOSE+IDEAS+YOU+GET+IN+THE+SHOWER%3F

A razão para isso é simples. Quando você está trabalhando diretamente em uma tarefa, sua mente está totalmente focada no problema em questão (ou seja, reflexão direta).

Por exemplo, ao dirigir um carro, os estímulos externos em seu ambiente (como os prédios ou outras paisagens ao seu redor) inconscientemente estimulam memórias e outros pensamentos. Como sua mente está vagando contextualmente (em diferentes assuntos) e temporalmente entre passado, presente e futuro, seu cérebro fará conexões distantes e distintas relacionadas ao problema que você está tentando resolver. Afinal, a criatividade é fruto de conexões entre diferentes partes do cérebro. Ideação e inspiração é um processo que você pode aperfeiçoar se proporcionar "folgas" para seu cérebro.

Quando você estiver trabalhando, esteja no trabalho. Quando você não estiver trabalhando, pare de trabalhar. Tirando a cabeça do trabalho e se recuperando, você avança criativamente. Pesquisas em vários campos descobriram que a recuperação do trabalho é uma necessidade para se manter enérgico, engajado e saudável diante das demandas profissionais. "Recuperação" é o processo de redução ou eliminação do estresse/estresse físico e psicológico causado pelo trabalho.

Uma estratégia de recuperação específica que está chamando muita atenção em pesquisas recentes é chamada de "desapego psicológico do trabalho". O verdadeiro desapego psicológico ocorre quando você se abstém completamente de atividades e pensamentos relacionados ao trabalho durante o período fora do trabalho.

O desapego e a recuperação adequados do trabalho são essenciais para a saúde física e psicológica, além do trabalho engajado e produtivo. No entanto, poucas pessoas fazem isso. A maioria das pessoas está sempre "disponível" para seus e-mails e trabalhos. A geração dos millennials é a pior, muitas vezes usando a abertura para trabalhar "sempre" como algo para se orgulhar. Não é motivo para orgulho algum.

Uma pesquisa de 2010 sobre "o papel do desapego psicológico"[7] descobriu que pessoas que se destacam psicologicamente na experiência de trabalho têm:

1. Menos fadiga e procrastinação relacionadas ao trabalho.

---

7 https://psycnet.apa.org/record/2010-16971-001

2. Muito maior envolvimento no trabalho, que é definido como vigor, dedicação e produtividade.
3. Maior equilíbrio entre vida profissional e pessoal, diretamente relacionado à qualidade de vida.
4. Maior satisfação conjugal.
5. Maior saúde mental.

Quando você estiver no trabalho, esteja totalmente absorvido por ele. Quando chegar a hora de encerrar o dia, desapegue-se completamente do trabalho e absorva-se nas outras áreas de sua vida.

Se você não se desconectar, nunca estará totalmente presente ou envolvido no trabalho ou em casa. Você estará sob tensão constante, mesmo que minimamente. Seu sono sofrerá. Seus relacionamentos serão superficiais. Sua vida não será feliz.

Assim como seu corpo precisa de um "reset", que você pode obter por meio do jejum, você também precisa resetar o trabalho para fazer seu melhor trabalho. Assim, você precisa se afastar do trabalho e mergulhar em outras áreas bonitas de sua vida. Para mim, isso é estar com meus filhos ou fazer atividades ao ar livre.

Ter uma vida equilibrada é a chave para o desempenho máximo. O taoísmo, tradição filosófica e religiosa chinesa que enfatiza a vida em harmonia, explica que ser yin ou yang demais leva a extremos e desperdiça seus recursos (como o tempo). O objetivo é estar no centro, equilibrado.

Torne a vida profissional mais leve. Elimine o peso das horas de trabalho e abrace o descanso como uma necessidade para o sucesso e para sua felicidade.

>> LIBERTE-SE DA PRODUTIVIDADE MÁXIMA

No mundo atual, parece que o tédio quase chegou à extinção. Com os dispositivos digitais sempre à mão, estamos constantemente conectados a notícias, entretenimento e interação social. Essa capacidade de absorver facilmente os estímulos nos deixou com uma hipersensibilidade ao tempo vazio, levando-nos a preencher cada momento com algo em uma tentativa desesperada de evitar o profundo desconforto do tédio.

Nesta era digital, equiparamos o tédio à ausência de atividade ou conexão. Esperar apenas alguns segundos pode nos fazer sentir ansiosos e procuramos nossos smartphones ou tablets, em vez de respirar fundo e absorver vistas, sons e cheiros ao nosso redor.

Mas a constante estimulação online e digital e a falta de tédio podem realmente ser tão ameaçadoras para o nosso bem-estar quanto ter cartões clonados e contas invadidas. Além de ensinar a nós mesmos e a nossos filhos como devemos nos manter seguros online, também devemos começar a aprender a desconectar e abraçar a ideia de estar entediado.

Eu mesmo preencho muito de meu tempo livre com vídeos no YouTube (desde tutoriais de marcenaria a stand-up comedy), redes sociais (comparando nossa vida à bela e falsa vida das fotos postadas no Instagram) ou shopping virtual (ficar visitando e-commerces, vendo promoções, pensando em um monte de coisa para comprar).

É difícil quebrar esse hábito e igualmente difícil aceitar que "ficar de bobeira" ou "estar entediado" faz parte da vida. Um estudo de 2019 realizado por pesquisadores da Austrália e Singapura diz que o tédio faz muito bem a nós.[8]

Nesse estudo, dois grupos de pessoas tinham de fazer um exercício de criatividade. O primeiro grupo estava entediado, e o segundo tinha feito atividades de artesanato. O pessoal entediado superou os "artesões" em termos de quantidade e qualidade de ideias, conforme classificado por pessoas de fora que atribuíam pontuações a cada um.

Outro que também não se surpreendeu foi o cientista e sociólogo italiano Domenico De Masi, que em 2000 publicou um texto com o conceito de ócio criativo, que mais tarde se tornaria título de um de seus livros.

Nesse texto, segundo o autor, uma série de insatisfações são derivadas do modelo ocidental, que é muito focado na idolatria do trabalho, do mercado e da competitividade. Como alternativa, ele propõe um modelo centrado em outras premissas, tais como:

» Estruturação das atividades humanas em uma combinação equilibrada de trabalho, estudo e lazer.

8 https://journals.aom.org/doi/10.5465/amd.2017.0033

>> Valorização e enriquecimento do tempo livre, decorrente de alta disponibilidade financeira para alguns e redução do tempo demandado de trabalho para muitos.

>> Aperfeiçoamento do processo de produção e distribuição da riqueza decorrente dos grandes aumentos de produtividade, derivados dos rápidos avanços do conhecimento e criatividade humana.

>> Distribuição consciente do tempo, do trabalho, da riqueza, do saber e do poder, minimizando as fontes de conflitos entre pessoas e grupos.

>> Valorização das necessidades reais das pessoas educando os indivíduos e as sociedades para a importância das necessidades básicas, tais como a introspecção, o convívio, a amizade, o amor e as atividades lúdicas. Com isso, ficariam em segundo plano as necessidades criadas pela propaganda e pela busca de status.

Mas por que ser entediado importa? Desejar os dias em que estávamos mais propensos a nos sentir entediados parece contraintuitivo, mas perdemos muito quando preenchemos cada momento com estímulo digital. O estudo de 2019 indica que um pouco de tédio pode levar a uma vida mais saudável, mais feliz e mais produtiva. Cientificamente, já é comprovado que:

>> O tédio ajuda a estimular a criatividade. Quando nossa mente vaga, é mais provável que apresentemos novas ideias e abordagens inovadoras para problemas e tarefas.

>> O tédio pode nos ajudar a estabelecer metas. Se dermos um tempo ao nosso cérebro para descansar, teremos espaço para começar a pensar no futuro e a criar planos para realizar esses sonhos.

>> O tédio pode nos fazer sentir caridosos. Quando estamos entediados, nossa vida e nossas atividades podem parecer sem sentido, o que pode nos levar a ações altruístas.

» O tédio aumenta a produtividade. Pesquisadores descobriram que sonhar acordado em sua mesa pode não ser uma perda de tempo. Em vez disso, pode ajudá-lo a ser mais produtivo ao trabalhar em projetos orientados a tarefas.

» O tédio pode ser a chave para a felicidade. Sem momentos tranquilos de tédio, perdemos a reflexão interna que pode nos ajudar a reconhecer coisas satisfatórias ou insatisfatórias. Da mesma forma, também podemos perder coisas realmente impressionantes, como um pôr do sol deslumbrante ou um sorriso caloroso de um passageiro no trem.

Seth Godin, autor best-seller e guru de marketing, recentemente disse em um podcast que, quando ele tem algum bloqueio criativo, ele vai para um rancho de um amigo que não tem internet nem televisão e fica lá por uma semana ou mais, até ficar tão entediado que não aguenta mais.

Segundo ele, essa foi uma dica de um amigo que funciona até hoje. Toda vez que ele volta de uma viagem ao rancho de total tédio, volta com ideias fervilhando em sua cabeça e resolve muitas questões que antes estavam bloqueadas.

Bem, acho que isso já é suficiente para provar que o tédio faz bem. Temos apenas de reaprender a conviver com ele e curti-lo. Não precisamos tentar extrair nossa produtividade máxima o tempo todo. Permitir a si mesmo não fazer nada de vez em quando também é bom e faz bem.

» LIBERDADE GEOGRÁFICA

Em julho de 2013, eu me casei com minha linda esposa, Fernanda, e cerca de um ano depois, começamos a planejar nosso primeiro filho. Construir uma família sempre foi um objetivo muito importante para mim. Quando comecei a pensar sobre o tipo de pai que gostaria de ser, apesar de muitas dúvidas, eu tinha uma única certeza: eu queria ser um pai presente. Eu queria estar presente ao máximo na vida do meu filho, desde seus primeiros anos de vida, dando total suporte à minha esposa, até sua vida adulta.

Nada de limitações de "licença paternidade", trabalho até altas horas para "pagar as contas", viagens longas a trabalho ou outras coisas do gênero. Minha vida profissional não poderia ser um obstáculo ao meu papel de pai.

Não quis ser um pai presente para ser uma babá de meu filho, mas para poder tirar cochilos ao longo dia, depois das noites em claro em seus primeiros meses de vida. Para presenciar o momento exato de seus primeiros passos em pé, para presenciar suas primeiras palavras, essas coisas que só acontecem uma vez na vida.

Cerca de três anos antes, em 2010, quando estávamos no início de nosso namoro, eu e minha esposa participamos de uma espécie de curso para executivos na Casa do Saber.[9] Foram sete aulas, cada uma com um grande CEO brasileiro, em formato de entrevista.

Grandes nomes, como Maria Silvia Bastos (ex-CEO da CSN) e Fábio Carvalho (ex-CEO da Casa & Video), fizeram parte do conteúdo do curso. Mas foi a aula com Paulo Ferraz (ex-CEO do banco Bozano, Simonsen) que mais me marcou.

Em um determinado momento, Paulo Ferraz disse que se considerava um capitalista selvagem. Gostava de trabalhar, de ganhar dinheiro, mas que, religiosamente, todos os dias, às 19 horas, ele estava em casa para jantar com sua mulher e seus filhos. Não existia happy hour, jantar com clientes, evento ou qualquer outro compromisso profissional que mudasse isso.

Achei fantástico um cara com o nível de responsabilidades, pressão e resultados que ele tinha ser capaz de estabelecer uma regra simples e colocar sua família em primeiro lugar. Não me importava se ele sempre fez isso, qual o caminho ele tinha percorrido até lá etc., o que registrei foi "minha carreira profissional não está acima da minha família".

No final de 2014, eu ainda estava avançando na redução de minhas frentes de negócios e simplificação da minha vida profissional. Porém, minha empresa LUZ tinha cerca de quinze pessoas, e tínhamos uma sala própria dentro de um coworking. E eu sabia que seria difícil dar prioridade ao meu filho se mantivesse a estrutura de trabalho presencial.

A LUZ tinha um ambiente muito bacana, superdescontraído, com um clima positivo e muita energia. O escritório era um lugar que o pessoal

---

9 https://www.casadosaber.com.br/

gostava de frequentar, tínhamos um pouco daquelas comodidades de startups, como videogames, vestimenta informal etc. Mas mesmo com vários pontos positivos, eu queria nos transformar em uma empresa remota.

As pessoas acreditam que ser remoto significa ser nômade digital, daqueles que vivem pulando de país em país, com uma mochila, trabalhando de coworkings, cafés ou hostels, coisa de gente jovem que adora passar um perrengue. Eu trabalho remotamente há muitos anos e nunca fui nômade digital, por exemplo.

Uma vez trabalhei com um casal de programadores que deram a volta ao mundo trabalhando como nômades digitais. Eles nos ajudavam em customizações de nossos sites em WordPress. Apesar de estarem em países paradisíacos, eles acordavam cedo e trabalhavam até tarde durante a semana toda. E mesmo na Tailândia ou na Austrália, passavam o dia em espaços de coworking ou cafés, sem poder aproveitar o dia. Quando tinham uma brecha para dar uma volta e turistar um pouco ou viver a vida local, era no final de semana, quando não tinham trabalho acumulado, é claro.

O que mais tem por aí são nômades digitais trabalhando demais. Moram em países paradisíacos, mas não curtem a cultura e as paisagens locais, pois trabalham o dia inteiro, muitas vezes de doze a quatorze horas por dia.

Trabalho remoto e nunca fui nômade digital, por exemplo. Mas o trabalho remoto me permitiu estar em casa cuidando de meu filho, estar presente para ensinar, brincar com ele. O trabalho remoto me permitiu me mudar para o Canadá sem gerar qualquer problema na participação em minhas empresas. Trabalhar remoto significa liberdade geográfica, e essa é uma parte importante de meu conceito de liberdade.

» ESCRITÓRIO PARA QUÊ?

Voltando a 2014, eu sabia que trabalhar de forma remota não era apenas uma decisão egoísta do Daniel, futuro pai. Existia uma série de benefícios para minha empresa e meu time. Mas eu precisava aprender como funcionava uma empresa remota, então li dois livros fundamentais que me ajudaram a entender esse universo.

O primeiro livro foi *The Year Without Pants: WordPress.com and the Future of Work*, escrito por Scott Berkun. Depois de quase dez anos trabalhando na Microsoft, Scott foi contratado para gerenciar um time de desenvolvedores na Automattic, empresa criadora do WordPress, e lidou com uma cultura e forma de trabalhar completamente nova.

Para começar, a Automattic não tem um escritório, e 100% de seus funcionários trabalham remotamente. O que mais me intrigou foi que eles não usam e-mail. Eles usam um blog interno e um chat.

Considero que o grande desafio do trabalho remoto é conseguir se comunicar tão bem quanto dentro de um escritório. Jason Fried, fundador do Basecamp, diz que o processo de seleção para sua empresa tem como principal teste a capacidade de comunicação escrita do candidato, não importa o cargo. Por trabalharem remotamente, a comunicação por meio de palavras é essencial e não pode ficar atrás da capacidade técnica.

Naquela época, o e-mail era a principal ferramenta de comunicação da LUZ, mas era uma péssima ferramenta para comunicação de times à distância. Tentamos usar o P2, ferramenta de chat usada pela Automattic, mas não deu certo. Não foi de todo ruim, mas ainda não era aquilo de que a gente precisava.

Foi quando ouvi falar sobre uma nova startup que tinha criado uma espécie de chat corporativo, que já era lucrativa desde seus primeiros meses de funcionamento: o Slack. Foi amor à primeira vista. Não só para mim, mas para toda a equipe. Desenvolvemos integrações no Slack, criamos emojis customizados, piadas com o chatbot etc. Quando menos percebemos, nós nos comunicávamos muito mais pelo Slack do que pessoalmente, mesmo se estivéssemos no escritório.

Mesmo com o sucesso do Slack, eu ainda queria entender sobre algumas outras dinâmicas e paradigmas que precisavam ser quebrados em empresas remotas. Foi aí que li o livro *Remote*, escrito por Jason Fried e David Heinemeier Hansson, fundadores do Basecamp.

No primeiro livro que li dos mesmos autores, o *Rework*, Jason Fried e David Heinemeier Hansson explicam como você pode construir uma empresa sem investimento de capital de risco, sem milhões de dólares para gastar em marketing ou fazendo milhares de reuniões, o que já foi um tapa na cara na época.

No *Remote*, eles expandem isso, mostrando como você pode fazer com que as pessoas sejam produtivas, trabalhem juntas e sejam felizes, tudo sem nunca pôr os pés em um escritório. Os dois transformaram sua própria empresa, o Basecamp, em uma empresa quase inteiramente remota. Eles têm uma sede em Chicago, mas seus 50 funcionários estão espalhados por 32 cidades em todo o mundo.

Ao longo dos anos, eles descobriram que o trabalho remoto não é ótimo apenas para os funcionários, mas também para os empregadores! Muitas empresas ainda têm medo desse conceito, simplesmente porque ele não é familiar e requer novas regras para funcionar.[10] É exatamente para isso que serve esse livro, e isso me ajudou muito a quebrar paradigmas que eu mesmo tinha.

As três principais lições sobre o trabalho remoto, por que é ótimo e como fazê-lo acontecer, segundo o livro são:

> » O trabalho remoto é ótimo para os funcionários porque lhes dá mais liberdade. Eles gastam menos tempo com deslocamento, são menos interrompidos e fazem mais do que desejam.

> » O trabalho remoto é ótimo para os empregadores, pois torna os funcionários mais produtivos, exatamente por todos os pontos anteriores.

> » O mais importante sobre o trabalho remoto é nunca esquecer as pessoas por trás do endereço de e-mail, afinal, é fácil se esquecer das pessoas e de como elas são sem conviver pessoalmente com elas.

Acontece que é preciso nos libertarmos do passado. Antigamente, sedes físicas de empresas faziam sentido como forma de colocar trabalhadores dentro de uma sequência lógica para a execução de um processo fabril.

Em um escritório de contabilidade, um contador fazia a parte de recebíveis em papel e encaminhava isso para um outro contador, que fazia a parte fiscal da empresa também em papel, que encaminhava para o contador responsável pelo balanço, e assim por diante. A partir do momento

---

[10] Caso tenha interesse em saber mais sobre trabalho remoto, aconselho visitar este site aqui, com estatísticas sobre esse tipo de trabalho: <https://usefyi.com/remote-work-statistics/>.

em que entramos na era da informação, em vez de matéria física, passamos a viver um fluxo de informações entre os trabalhadores, e, em vez de em fábricas, passamos a trabalhar em escritórios.

Nos escritórios, a informação era registrada e tratada em papéis, e eram esses papéis que passavam de trabalhador em trabalhador. A chegada dos computadores e da internet mudou tudo. Essa informação passou a ser digital e a fluir através da nuvem. Apesar disso, ainda continuamos a usar escritórios, onde é comum que pessoas sentadas uma ao lado das outras se comuniquem via e-mail ou aplicativos de mensagens. Qual é o sentido disso?

Alguns argumentarão que o contato humano é essencial para estreitar relações e gerar empatia, melhorar a comunicação e a troca de experiências. Em contrapartida, escritórios são caros para manter, pessoas juntas geram ambientes mais políticos, em que amizades e aparências valem mais do que talento, mais reuniões pouco produtivas serão marcadas e um ambiente de muita interrupção e fofocas pode minar a produtividade e o clima da empresa.

Acredite ou não, até hoje as companhias aéreas têm boa parte de suas receitas, principalmente de passagens de classe executiva, provenientes de clientes corporativos que se deslocam até o outro lado do mundo para fazer reuniões rápidas e realizar alguns apertos de mão.

A adoção de ferramentas de conferência virtual demonstra como já era possível fazer reuniões sem deslocamento. Empresas que ajudam na vida digital das empresas cresceram muito, como demonstra o valor das ações da empresa de software de videoconferência Zoom, que disparou com a pandemia do coronavírus.

Parte das ações que mais caíram em 24 de fevereiro de 2020, quando o governo chinês admitiu falhas no controle do surto de coronavírus, foram de companhias aéreas. Entre os piores desempenhos no índice pan-europeu STOXX 600, estavam ações de aéreas, com EasyJet, Ryanair, Air France e Lufthansa, recuando entre 7% e 11%. Mas isso será suficiente para mudar paradigmas empresariais?

Eu, por exemplo, trabalho com um programador que mora na cidade de Teresópolis, no Rio de Janeiro, com uma redatora que mora no Rio de Grande do Sul, um designer que mora em São Paulo, outro que mora em João Pessoa, e uma designer instrucional que mora em San Antonio.

Já contratei freelancers dos Estados Unidos, da Índia, de Marrocos, do Canadá e muito mais.

Ou seja, trabalho com um time sem um local físico em que todos são obrigados a ir em um horário específico, saindo de suas casas e gastando de uma a duas horas de seu dia com trânsito, o que não faz o menor sentido nos dias de hoje.

Ao trabalhar remoto, devolvo às minhas equipes horas que muitos gastam no trânsito, a qualidade de se comer comida caseira, a chance de levar e buscar os filhos na escola sem atrasos, a oportunidade de tirar uma soneca depois do almoço, entre outras coisas.

Para nós, que fomos formados indo à escola, indo à faculdade, indo ao trabalho, não é algo trivial se adequar a essa rotina, mas uma vez que você pega o jeito, não quer outra coisa.

Ao trabalhar com times remotos, gasto menos com remuneração e com infraestrutura física. Quando se tem um escritório físico, você fica restrito ao pool de talentos daquela região, ficando não só limitado à oferta, mas, em caso de alta demanda, pagando muito caro pelo salário desses profissionais. Um designer que mora em São Paulo ganha três vezes mais do que um designer que mora no Acre. E por quê? Porque o custo de vida é mais alto.

Ao trabalhar remoto, me permito morar onde eu quiser e fazer meus horários. Como já disse, moro no Canadá atualmente e acordo todos os dias sem despertador. Ao trabalhar remoto, posso aumentar e diminuir minha empresa com facilidade. Ao trabalhar remoto, reduzo custos com aluguel e infraestrutura, posso contratar profissionais de outras regiões do país ou outros países com menor custo.

Ao trabalhar remoto, deixo minha equipe feliz. Segundo Richard Branson, fundador do Grupo Virgin, "O trabalho flexível é o trabalho inteligente. F*d@-se o trabalho convencional. Se você confia na sua equipe, deixe que eles tomem suas próprias decisões, e eles lhe recompensarão por isso."[11]

Ao trabalhar remotamente, eu me liberto.

---

[11] https://www.cnbc.com/2018/09/12/richard-branson-believes-the-key-to-success-is-a-three-day-workweek.html

›› LIVRANDO-SE DO PESO DA RESPONSABILIDADE

Na minha casa, éramos dois irmãos, e eu era o mais velho. Tenho apenas dois anos a mais do que meu irmão, mas o suficiente para ser "o responsável" durante toda minha infância. O responsável por mim e pelo meu irmão mais novo.

Como se não fosse suficiente, eu era também o primo mais velho entre quatro primos de idades semelhantes. *"Daniel, cuida de todo mundo, viu? Você é o mais velho!"*, eu escutava sempre que brincávamos juntos.

Naturalmente, quando saíamos de casa para brincar, eu nunca relaxava por completo. Tinha medo de que, se alguém se machucasse, sobraria para mim. Veja bem, eu também era uma criança. Nessa época, na maioria das vezes, nós tínhamos um adulto por perto. Mas a frase era dita, e eu a absorvia. Essa responsabilidade também moldou minha personalidade. Eu não era uma criança rebelde. Talvez em parte porque eu não podia ser.

Ser o mais velho não era vantagem, pois significava carregar esse peso da responsabilidade. A responsabilidade não era opcional. E uma vez que você convive com ela, ela passa a fazer parte de quem você é ou quem você precisa ser para que seus pais tenham orgulho de você.

Eu me lembro até hoje de que, mesmo nas brigas com meu irmão, quando ele vinha para cima de mim dando socos e pontapés, a única coisa que eu fazia era segurá-lo no chão ou na cama. Eu nunca bati no meu irmão. Nunca. Eu não podia. Eu mordia minha boca para segurar a raiva, mesmo tendo de escutá-lo rindo e me zoando. Não era fácil. Mas eu era o mais velho, o responsável. Precisava me segurar.

Nunca gostei da responsabilidade, mas já que eu tinha de carregá-la comigo, aprendi, aos poucos, a usá-la ao meu favor. Eu era um garoto medroso e tímido. Tinha medo de trovão, escuro, elevador e mais um monte de coisas. Mas, de alguma forma, a responsabilidade me obrigava a ser corajoso. Eu fui perceber isso melhor na escola. Fosse nos esportes coletivos ou nos trabalhos de grupo, chamar a responsabilidade para mim me tirava de minha zona de conforto com mais facilidade.

Foi o que acabou acontecendo também quando resolvi participar da feira de artes como vocalista de uma banda com alguns amigos de sala de aula. Eu me lembro até hoje da apresentação. Foi a primeira e única vez em que foi possível ver um vocalista ficar atrás dos demais músicos e olhar o tempo todo para baixo com as mãos trêmulas.

Mas o desafio foi superado, e, apesar do pavor que senti, eu sabia que ali existia um caminho para me desenvolver e conquistar coisas maiores. Foram inúmeras bandas, mais de vinte anos tocando, fiz grandes amizades. Levei anos para conseguir olhar nos olhos do público, mas foi a responsabilidade como vocalista que me permitiu enfrentar e vencer esse desafio.

Acontece é que até então eu não percebia que existia uma grande diferença entre a responsabilidade e a liderança. Apesar de serem comumente confundidas, elas são bastante diferentes. Eu não era o líder do meu irmão ou dos meus primos. Eu era o responsável por eles. Os líderes eram meus pais ou meus tios, não eu. No futebol ou na banda, eu não era responsável pelo time. Eu era o líder. Por opção própria.

O líder, acima de tudo, lidera a si mesmo. É o exemplo dessa liderança que inspira e ajuda aqueles ao seu redor a darem o melhor de si também.

Passei a entender isso cada vez melhor. Passei a ser mais o líder e menos o responsável. Só depois dos 27 anos fui me rebelar contra a responsabilidade dentro de casa. Mas, para conseguir quebrar esse estigma, a solução foi sair de casa.

Por uma certa coincidência, sair de casa acabou ocorrendo exatamente no mesmo momento em que decidi me tornar empreendedor em tempo integral. Afinal, no trabalho eu também sentia claramente a diferença entre responsabilidade e liderança. Não sabia ser responsável sendo mandado o tempo todo sobre o que fazer.

Após os anos iniciais da LUZ, a empresa evoluiu, e passei a ter sócios e funcionários, e voltei a ser o *líder-responsável*. O *líder-responsável* era o papel "em cima do muro" que eu não queria desempenhar, mas foi o caminho natural do crescimento da empresa em minha cabeça. Na época, eu ainda acreditava que para crescer era preciso ter mais gente, trabalhar mais horas, aumentar responsabilidades.

O cargo de líder-responsável é naturalmente solitário, pois ele é exigido mais do que os outros, não existe muita empatia com ele. O líder-responsável não pode se sentir mal, se sentir fraco, pedir ajuda. As pessoas ao seu redor simplesmente não entendem esses sinais de fraqueza. Eles passam despercebidos. Por isso, o líder-responsável tende a se isolar cada vez mais.

O líder-responsável se sente responsável pelo funcionário desmotivado, pelo sócio que ficou chateado com aquela discussão, etc. Ele se sente duplamente culpado. Direta ou indiretamente. Eu não queria ser o irmão mais velho novamente, apesar de, por ironia, ser o mais velho de toda a empresa.

Mas eu não via outro caminho. Considerava aquilo normal. E eu gostava de liderar novos desafios e empreendimentos. À medida que me envolvi em mais empresas, fui acumulando esse excesso de responsabilidades, que foi se tornar a tal crise de ansiedade e pânico que tive em 2013. Eu era responsável por coisas demais.

Parte de minha recuperação era tirar de minhas costas a quantidade de responsabilidades que tinha. Eu não sabia ainda desassociar liderança de responsabilidade, portanto, minha reação natural foi a de ir me desligando de todas as empresas e outras iniciativas que tinha para me dedicar apenas à LUZ.

A escolha da LUZ era natural. Era onde tudo tinha começado. Era onde eu tinha minha principal fonte de renda. Era e sempre será o meu laboratório de vida. Foi com ela que dei meu primeiro passo para começar a vida que eu queria. E eu tinha conseguido isso por um breve período de tempo, bem no início dela, na época em que eu era uma empresa de um homem só e liderava apenas a mim mesmo.

Nos anos seguintes, eu começaria a direcionar a LUZ para o desenvolvimento pessoal que eu gostaria de ter. Assim como foi com a banda na minha adolescência, a empresa seria minha ponte para me transformar em um novo Daniel.

Eu queria ser o líder de mim mesmo novamente. Liderar a mim, acima de tudo, e assim, quem sabe, inspirar os outros ao meu redor. Como todo líder deve fazer.

›› O ANTICEO

Infelizmente, levou quase dez anos para eu começar a pôr isso em prática. Fui, por cerca de dois anos, uma empresa de um homem só. Minha jornada empreendedora começou solo. Tudo ficava nas minhas costas, desde as tarefas mais mundanas até as decisões mais importantes sobre o futuro da empresa. Eu sabia que precisava construir um time. Fazer tudo sozinho é muito mais difícil.

Comecei esse movimento convidando meu primeiro sócio e braço direito, o Leandro Borges. A gente se conhecia por causa da Empresa Júnior da PUC-Rio, em que fui presidente em 2004, e ele, em 2009. E vi nele um tipo de energia que queria ao meu lado.

Todos meus atuais sócios, Leandro, Rafael e Filippo, participaram de empresas juniores. Eles foram convidados para entrar na LUZ Consultoria em momentos diferentes, mas desde o início como sócios. Eu queria uma equipe com a mentalidade de sócios, e não de funcionários.

A grande questão é que tínhamos uma diferença de idade e experiência relativamente grande na época. Eu estava no início dos 30, e eles, no início dos 20. Eu já era formado, e eles estavam ainda na faculdade. Isso se refletia no número de cotas de cada um, mas também na capacidade de liderança de cada um.

A empresa teve seus altos e baixos, e cheguei a vender um carro para pagar as contas do investimento no espaço de coworking que construímos uma vez. No fundo, como sócio majoritário, quando dava merda, era o meu que estava na reta. Eu era, na época, o único que morava sozinho e pagava minhas próprias contas. Eu sentia a pressão.

Mas com o tempo, essa distância entre nós foi diminuindo. Aos poucos, eles também se formaram e foram morar sozinhos. Apesar de eu já ser casado e pai nessa época, eu já conseguia ver que eles eram mais responsáveis com a vida pessoal e com a empresa também.

Conforme comecei a ver essa diferença diminuir, comecei a amadurecer em minha cabeça a necessidade de não ser o único CEO da empresa. Eu queria uma gestão compartilhada de verdade. Afinal, gestão compartilhada em que todo mundo participa das decisões mas o peso dos erros fica nas costas apenas de um não vale.

Pode até ser que a maior parte desse peso fosse uma interpretação de minha cabeça, mas era preciso trabalhar isso, só assim eu seria capaz de me sentir mais leve e livre de ser o único responsável pelos rumos da empresa. Eu fui criando em minha cabeça a ideia de que era possível acabar com o cargo de CEO na empresa. Mas, como sempre, era primeiro preciso tirar isso de minha cabeça.

O primeiro passo, simples e bobo, foi tirar o cargo de CEO de meu LinkedIn. Cartão de visita já não tenho faz mais de oito anos, então não precisei me preocupar com isso. Depois, era preciso criar essa dinâmica dentro da empresa. E não por causa do modo operacional como a gente conduzia o dia a dia, mas pela capacidade de todos serem mais participantes das reflexões que leva um líder a pensar no planejamento e estratégia da empresa.

Estratégia, na minha opinião, é algo que está em um plano maior, mais próximo da arte, da filosofia, das ciências sociais. Não é algo que está no direcionamento tático ou operacional, na execução ou produtividade da empresa.

A estratégia vem das boas perguntas, da reflexão sobre hipóteses, sobre as opções, sobre o impacto das decisões na vida da equipe e dos clientes. O bom líder pensa muito (e, por isso, precisa de tempo livre para pensar) sobre decisões e o alinhamento delas com seus valores pessoais e os valores da empresa.

Eu mencionei aqui que o papel do fundador é fazer boas perguntas. Talvez eu devesse ajustar isso para o papel dos sócios. Portanto, se eu queria ter bons sócios, com liderança distribuída, eu deveria ter todos fazendo boas perguntas. Por causa disso, hoje em dia, a reunião semanal de sócios da LUZ tem 50% de sua duração dedicados às reflexões que cada um de nós sugere.

Nossa dinâmica semanal consiste em 30% do início da reunião nos atualizando sobre nossa vida pessoal. Falamos sobre nossas famílias, nossos hobbies, nossas viagens e tudo o mais que quisermos compartilhar. Outros 20% falamos sobre no que estamos trabalhando, nossas principais tarefas e desafios da semana. E por último, usamos a segunda metade da reunião para reflexões.

As reflexões ajudam a sintonizar nós quatro em quais questões maiores estamos pensando sobre a empresa, quais caminhos podemos trilhar, quais alternativas existem, o que aconteceria se fôssemos mais ousados, se resolvêssemos fazer algo maluco, se tudo desse errado, e assim por diante.

Desta forma, não me sinto sozinho. Desta forma, não me sinto o único grande responsável. O único CEO. Hoje, somos todos líderes de nossa empresa e de nós mesmos. Assim, nem na LUZ e nem em nenhuma outra empresa minha existe um CEO.

REFLEXÕES
DO CAPÍTULO 7

» Liberdade é o grande objetivo da empresa automática.

» A liberdade tem muitas formas diferentes.

» Libertar-se de seu ego é o primeiro passo.

» Liberte-se do trabalho em seu formato tradicional.

» Liberte-se da responsabilidade de produtividade máxima.

» Nosso melhor trabalho acontece quando não estamos trabalhando.

» Abrace o tempo livre e o tédio como formas de trabalhar melhor.

» Liberte-se geograficamente com o trabalho remoto.

» Reduza ou elimine por completo sua necessidade de escritório.

» Livre-se do peso da responsabilidade.

» Distribua a liderança entre seus sócios.

UMA VIDA MAIS LEVE

> "O preço de qualquer coisa é a quantidade de vida que você troca por isso."
> — Henry David Thoreau

Existe uma visão romântica de que "trabalhar duro" é o que te levará aonde você quer ir, mas isso não é verdade. Milhões de pessoas trabalham duro todos os dias, acordam cedo, trabalham longas horas e vão dormir tarde, mas nem por isso vão a algum lugar.

Existem exceções, como Jeff Bezos e Bill Gates, que trabalham ou trabalharam muito e tiveram grande sucesso. Mas eles costumam ser a exceção da exceção. E graças ao destaque de suas histórias, é comum escutar jovens dizendo "eu vou me matar de trabalhar agora para não precisar trabalhar tanto mais adiante". **Infelizmente, não funciona dessa forma.**

Somos criaturas formadoras de hábitos, E uma vez que criamos hábitos, dificilmente os deixamos. Se você viveu os primeiros anos de sua carreira trabalhando muito, essa será a única forma que você saberá trabalhar pelo resto dela. Talvez você nem perceba, mas, se você aprendeu a trabalhar doze horas por dia, você se tornou muito bom em trabalhar doze horas por dia.

Empreender não precisa ser difícil, mas empreendedores tornam o trabalho difícil para si mesmos. Eles entram nessa corrida de ratos empreendedora, onde criam pressões por crescimento acelerado, arrumam investimento de risco para operar no negativo, pois adotam o modelo de crescimento baseado em aumento de custos com equipe e marketing, o que só aumenta a pressão por mais velocidade de crescimento e mais capital de risco para evitar que o barco afunde.

Troque "investidores de risco" por "linhas de crédito no banco" e você abrange quase que a totalidade de empreendedores que existem no Brasil. **Empreender não precisa ser difícil assim.**

Gerar receitas e ter lucro é uma habilidade. Igual a andar de bicicleta ou tocar violão. Se você praticar isso desde o início, aprenderá a fazer bem feito. Mas se você só pratica ter prejuízo, só aprenderá a ter prejuízo. Essa será a sua habilidade. Gerar lucro e não trabalhar muito é algo que pode ser aprendido, se for praticado.

Infelizmente, a realidade é que muitos empreendedores criam empresas como ferramentas de autodestruição. Destroem a própria vida, a saúde, suas relações familiares. Por isso, não acredito em "trabalho duro". Eu não compro essa ideia, pelo mesmo motivo que eu não compro a ideia de que existe um padrão de sucesso que deve ser seguido. Pessoas copiam casos de sucesso por acharem que o que dá certo com outros pode dar certo com elas também.

O fato de a Apple dar certo fazendo o que faz servirá de exemplo para o que sua empresa deve fazer também? O fato de Jeff Bezos fazer o que faz na Amazon servirá para você? Usar grandes casos de sucesso como padrões a serem seguidos não faz sentido algum. As escalas, os contextos, as realidades etc. são completamente diferentes.

Da mesma forma, não acho que você tentar criar um site de planilhas, uma pequena agência de e-commerce e ir morar no Canadá, como eu fiz, será a solução para você.

Entendo que exista um desejo de atingir os mesmos objetivos, mas a forma pode ser completamente diferente. O importante são seus valores, sua filosofia de vida e, acima de tudo, saber se valeu a pena.

Temos uma certa obsessão com números como uma forma de medir sucesso. Seja seu faturamento, o número de clientes, seu número de funcionários ou até mesmo o número de seguidores. Números são objetivos, fáceis de interpretar e compreender por todos. Números tangibilizam o sucesso.

"O que não é medido não é gerenciado." Essa famosa frase de William Edwards Deming é um mantra da gestão moderna. Objetivos guiados por números têm dois defeitos, a meu ver: eles são comumente determinados sem uma profunda reflexão e geralmente medem coisas de pouco valor.

Sou totalmente a favor de uma empresa ser saudável financeiramente, gerar lucro e distribuí-lo entre seus membros. Porém, acredito que existam outros objetivos além dos números.

Por que quando vamos correr nos preocupamos com nossa velocidade? Ou a distância? Por que não nos preocupamos em nos sentir bem durante a corrida? Em ter feito um trajeto diferente com novas paisagens? Em ter sentido satisfação com o simples fato de correr e movimentar nosso corpo?

Objetivos subjetivos podem ser mais difíceis de ser determinados e até soam antagônicos, mas é exatamente esse desafio adicional que faz com que eles sejam mais bem pensados, com que tenham mais valor.

Não me autodestruir era um desses objetivos para mim. E se era tão importante para mim, deveria também ser para os demais ao meu redor. Quando ainda estava escrevendo este livro, enviei uma primeira versão para algumas pessoas próximas. Meu sócio, Filippo, me disse que, apesar de ter gostado muito, achava que no livro faltava dizer como eu aplicava essa filosofia aos outros ao meu redor.

A criação de uma empresa automática não pode ser um objetivo egoísta, ela precisa contemplar o mundo ao seu redor, todos aqueles que são impactados diretamente ou indiretamente por sua jornada empreendedora.

❯❯ E A MINHA EQUIPE?

Em 2014, quando comecei a implementar o conceito de trabalho remoto e flexibilidade de horários na LUZ Planilhas, fiz isso para a empresa inteira, e não apenas para mim ou meus sócios.

Já contei que, nessa época, éramos uma equipe de dezesseis pessoas e alugávamos uma sala em um coworking. Tínhamos um clima ótimo, uma equipe motivada e unida. Todo final de tarde, o pessoal jogava no PlayStation e curtia uma música em alto e bom som.

Minha intenção, na época, não era destruir isso, muito menos demitir todo mundo. Eu queria criar essa possibilidade para poder ficar em casa quando meu filho nascesse ou continuar trabalhando normalmente em um dia de chuva torrencial e trânsito caótico. Quando resolvi adotar esse novo formato de trabalho, não o fiz só para mim, fiz para toda a empresa.

De nada adiantaria eu adotar um formato de trabalho sozinho e tentar encaixar isso em uma empresa em que o resto da equipe vivesse uma realidade totalmente diferente. Do que adiantaria eu usar uma ferramenta de comunicação online se toda a equipe se comunicasse presencialmente? É óbvio que não funcionaria.

Então, o sistema de trabalho remoto e flexível passou a valer para todos, e o sucesso desse sistema só aconteceu quando todos vestiram a camisa e abraçaram as ferramentas e as novas formas de comunicação e trabalho online. O benefício que passei a usufruir era de todos. O benefício era da empresa. Por termos uma equipe jovem, nem todos souberam usar esses benefícios da melhor forma. Outros não se adaptaram. Fez parte do processo perder algumas pessoas. E tudo bem.

O trabalho remoto e flexível faz com que fique mais claro quem entrega resultado e quem apenas bate ponto. Quem ajuda nos resultados e quem apenas trabalha na socialização. Passamos a ser uma empresa mais produtiva, a confiar mais uns nos outros, a valorizar os resultados. Tudo passou a fazer mais sentido empresarialmente.

Passamos por vários momentos de altos e baixos na empresa. Mudamos de escritório, adotamos tecnologias ruins, tentamos nos aventurar no mundo das startups e capital de risco, e no final voltamos às nossas origens.

Graças ao formato de trabalho flexível, fomos capazes de nos adaptar mais facilmente. Saímos de todas essas fases mais fortes, porém com a equipe cada vez mais reduzida.

Nos últimos anos antes de nossa equipe se reduzir apenas aos sócios, tivemos dois grandes colaboradores conosco. Um deles viajou por todo o Brasil. Trabalhou de lugares incríveis no interior do Brasil. O outro ficou em casa quando o pai passou por problemas de saúde, se recuperou de uma depressão com o tempo extra e foi incentivado a fazer esportes e começar o dia com mais calma e tranquilidade.

Para nós, fez sentido tornar nossa equipe inteiramente terceirizada. Alguns de nossos ex-membros hoje fazem freelas para nós. Outros criaram suas empresas ou foram viver em algum outro lugar do mundo. Plantamos uma semente de empreendedorismo e liberdade dentro de cada um deles.

Mas você pode ter sua própria equipe, seja ela pequena ou grande, trabalhando remoto. Hoje existem inúmeros casos que demonstram que isso é possível. Se megaempresas como Basecamp, WordPress/Automattic e

GitHub conseguem, empresas com equipes menores também conseguem. A pandemia do coronavírus, que ocorreu enquanto eu fechava este livro, comprovou isso. Muitas empresas, como o Shopify, resolveram adotar o trabalho remoto de vez e fechar seus escritórios.

Hoje, eu e meu sócios trabalhamos em torno de quatro horas por dia e, geralmente, às sextas trabalhamos apenas duas horas pela manhã e tiramos a tarde livre. Meus sócios não se ferram para me proporcionar liberdade. Eles vivenciam isso também. O impacto da pandemia em nossa vida foi pequeno por conta do estilo de vida que já tínhamos.

Eu os incentivo a terceirizar ou automatizar tudo que for possível. Quando eu trouxe esse conceito de que nós, sócios, só deveríamos fazer trabalho criativo e tudo o que fosse possível terceirizar ou automatizar deveria ser feito, eles reagiram, em um primeiro momento, de duas formas:

i. Não tenho como automatizar/terceirizar isso.

ii. Esse trabalho é pequeno e fácil e não toma muito meu tempo.

Minha resposta foi: é possível, sim, basta você pesquisar e testar. Aos poucos, eles foram encontrando essas formas, e a etapa final foi perceber que, mesmo as pequenas tarefas, quando somadas, se tornavam uma grande fonte de roubo de tempo e liberdade deles.

Mesmo os freelancers que tenho como parceiros na terceirização de tarefas e rotinas são pessoas que de alguma forma se identificam com esse conceito de empreendedorismo como forma de criar a vida de que eles gostam.

Por exemplo, meu programador de WordPress vive na região serrana do Rio de Janeiro, tem uma equipe também remota e leva a vida de uma forma mais lenta. Para trabalhar bem com ele, é preciso respeitar o tempo dele para a realização das tarefas. Confio nele, e mesmo que ele não responda imediatamente às minhas demandas, sei que fará no momento em que ele puder fazer aquilo com qualidade.

Já a empresa que cuida de minhas rotinas administrativo-financeiras é formada por um casal empreendedor do interior de São Paulo que organiza a vida da família deles dentro do formato de trabalho que funciona para eles. Quando questionei se eles não achavam chato cuidar das rotinas financeiras, eles me responderam: "Nós temos um prazer enorme em fazer o que outras pessoas acham chato. Faz parte de quem somos."

O alinhamento de valores é fundamental para criar relações duradouras e viver em mundos em que as pessoas se entendem. Mas, se isso era verdade, como ficava isso dentro de minha família?

» E MINHA FAMÍLIA?

Quando conheci minha esposa, a Fernanda, eu era o dono da empresa de um homem só que prestava consultoria vendendo minhas horas. Eu era empreendedor e já tinha algum grau de controle sobre minha rotina. Ela, ao contrário, era funcionária de uma grande consultoria e depois se tornou gerente de uma grande rede varejista.

Enquanto ainda éramos namorados, as diferenças de rotina existiam, mas não impactavam tanto nossa vida juntos. Acontece que, quando passamos a morar juntos, passou a ficar mais claro que o descasamento de flexibilidade e liberdade tirava boa parte do quanto podíamos aproveitar a vida.

Nós conversávamos sobre isso, e eu incentivava que ela se tornasse uma empreendedora, para também usufruir disso, mas ainda não tínhamos encontrado uma boa oportunidade. Foi quando, em 2013, ela perdeu o emprego, e, ao invés de sair procurando outro, incentivei que ela tivesse calma para encontrar algo que fosse diferente do tradicional emprego de 9h às 18h.

Poucos meses depois, surgiu uma oportunidade de empreender junto com uma amiga criando uma empresa de marketing. E, claro, ela teve todo o meu apoio. Hoje, anos mais tarde, a Fernanda tem a oportunidade de se dedicar à criação de nossos filhos até que os dois estejam em idade escolar, que aqui no Canadá é a partir dos 4 anos.

Ao final disso, ela poderá pensar em novos projetos, novas formas de trabalho que permitam o trabalho remoto e flexível, pois é assim que nossa família vive. Nós aproveitamos para viajar e usufruir de preços menores em baixas temporadas, mesmo que isso signifique que meu filho mais velho perca alguns dias de aula. A flexibilidade e liberdade têm efeitos positivos em nossa família.

Criar filhos é um dos grandes prazeres da vida, em minha opinião. Mas é também um dos maiores desafios que já enfrentei. Existe uma carga emocional muito grande envolvida, e é capaz de nos trazer grande satisfação, mas também grande estresse.

Apesar de, enquanto adultos, termos uma razoável capacidade de entender e controlar nossos sentimentos, crianças estão aprendendo isso, exatamente durante o período em que somos responsáveis por elas.

Precisamos estar equilibrados e bem de cabeça para ajudá-las, ao invés de estourar de raiva e impaciência com elas. Precisamos ter a capacidade de ser empáticos e ajudá-las a entender os desafios de quem está aprendendo a viver.

Você provavelmente já disse ou escutou em uma conversa com amigos próximos, pais de crianças como você dizendo:

- *Esta é a minha personalidade.*

- *Eu não tenho energia ou paciência quando chego em casa do trabalho.*

- *Hoje estou de mau humor, só isso.*

- *Meus pais também eram assim, e eu sobrevivi.*

- *Estou em um período estressante no momento. Eles são jovens, não vão se lembrar de nada disso.*

Todas mentiras. Todas desculpas. Todas com o potencial de causar grande dor em seus filhos.

Em seu livro de memórias,[1] Bruce Springsteen fala, anos depois, sobre como o humor e os problemas de seu pai o afetaram. "Quando garoto, imaginei que era assim que os homens viviam, distantes, sem comunicação, ocupados dentro das correntes do mundo adulto", disse ele. "Quando criança, você não questiona as escolhas de seus pais. Você as aceita. Elas são justificadas pelo status divino da paternidade. Se você não tiver conversado, não vale a pena. Se você não é recebido com amor e carinho, não o ganhou. Se você é ignorado, você não existe."

Isso me parte o coração, principalmente porque vejo amigos próximos fazendo algo muito semelhante com seus filhos. Nossos humores e nossas escolhas e os exemplos que estabelecemos afetam nossos filhos, sempre. Seja

---

[1] https://www.amazon.ca/Born-Run-Bruce-Springsteen/dp/3453201310/

mudando a maneira como veem o mundo ou como se veem. Isso os faz se sentirem melhores ou piores, valiosos ou inúteis, seguros ou vulneráveis.

Seus pequenos seguem você, lembre-se disso. A decisão de se desligar emocionalmente não afeta apenas você. A decisão de não ter tempo. A decisão de não ter paciência. A decisão de manter distância. A decisão de não conversar. A decisão de não estar presente. A decisão de não ajudar a enfrentar a vida de cabeça em pé, compreendendo seus medos e sentimentos. Tudo isso importa. Importa mais do que tudo.

Empreender ou ser executivo de uma grande empresa não estabelece o tipo de pai que você é. Tempo para se dedicar à grande missão que é ser pai (ou mãe), sim. Precisamos de tempo para poder cuidar de nós mesmos, de nossas famílias, de nossa casa. Seus filhos também precisam de tempo para brincar, para descansar ou mesmo para ficar entediados.

Não sou um pai perfeito, mas tenho a grande vantagem de ter tempo para me dedicar aos meus filhos, pois essa missão eu não acredito que seja possível automatizar ou terceirizar.

Seu papel como empreendedor livre é usar sua liberdade para cuidar mais de sua família e influenciá-la quanto a um modo de vida alternativo ao padrão de trabalho imposto pela sociedade. Mostrar que podemos mudar a nós mesmos e, assim, mudar o mundo ao nosso redor. Viver em uma nova classe social.

≫ AS NOVAS CLASSES SOCIAIS

O mundo está mudando, mas certos padrões seguem os mesmos. Por exemplo, a classificação da população conforme seu poder aquisitivo é feita essencialmente considerando três níveis: ou você é pobre, ou é classe média ou é rico. Acontece que, de uma forma geral, a maioria das pessoas se considera classe média, e essa percepção está geralmente relacionada a uma série de fatores que vão muito além de sua renda.

Você pode ganhar uma boa quantia de dinheiro por mês, mas se morar em uma grande cidade, em uma boa casa ou apartamento, tiver filhos que estudam em escolas particulares de boa qualidade e que fazem atividades extracurriculares, gostar de sair para comer fora e fazer uma viagem internacional por ano, não se sentirá rico, pois não sobrará muito dinheiro no final do mês para suas economias ou extravagâncias.

Famílias com renda familiar de R$30 mil por mês morando em São Paulo ou renda familiar de US$30 mil por mês morando em Nova York terão essa mesma percepção. A verdade é que essas famílias são ricas, economicamente falando, mas elas não acham isso.

No Brasil, o Critério de Classificação Econômica Brasil,[2] criado pela Associação Brasileira de Empresas de Pesquisa (ABEP) para medir o poder de consumo do brasileiro, divide as classes econômicas do país usando a famosa lista de cinco letras: as classes A, B, C, D e E.

Segundo dados de 2017, apenas 5% das famílias atingem o patamar de Classe A, que é dividida em A1 e A2. A renda para ser Classe A1, o topo da classe A, é de R$9.733 mensais.

Você pode não achar que é lá uma fortuna, principalmente dependendo de onde você mora e do tipo de gastos que tem. Mas quando você vê que cerca de 70% da população sobrevive com uma renda mensal que não ultrapassa os R$1.200, é possível entender isso melhor.

Se você perguntar a uma pessoa que ganha R$10 mil por mês se ela é rica, provavelmente ela dirá que não é. No máximo, ela dirá que é "classe média-alta". O motivo disso é simples: uma vida rica é muito mais do que dinheiro.

Uma vida rica é ter liberdade e flexibilidade. Você pode ser rico ganhando R$5 mil por mês, se tiver criado uma vida em que poderá fazer o que gosta, seja viajando, comendo sushi toda semana ou indo à praia todos os dias. Você também pode viver essa vida ganhando R$50 mil ou R$500 mil por mês.

Você também pode ganhar muito dinheiro e estar se afogando em despesas. O dinheiro pode facilitar as coisas, mas não é quem dita o sentimento de ser "rico".

Segundo Ramit Sethi, autor, consultor de finanças pessoais e empresário, uma nova estrutura de classificação de classes sociais deveria ser proposta. Nessa nova estrutura, as três novas classes seriam: a classe (presa na) ratoeira, a classe (presa na) esteira e a classe livre.

Na classe ratoeira, você está preso trabalhando de salário em salário, sempre a um passo de um desastre financeiro. Não há reservas de segurança, não é possível pensar no futuro e planejar em longo prazo. Você mede

---

2 http://www.abep.org/criterio-brasil

seus salários em múltiplos de salários mínimos. Você afirma coisas como: eu nunca conseguirei pagar por isso. Dinheiro é uma merda. Não importa o que eu faça, sempre me ferro. Se você está na classe ratoeira, tem poucas opções e menos recursos ou tempo livre para melhorar sua situação. Este é um lugar assustador para se estar e muito difícil de escapar.

Na classe esteira, você tem um emprego decente e algum dinheiro guardado. No Brasil, a classe esteira tem uma qualidade de vida relativamente boa: você tem um teto para morar, carro, celular, internet, sai para comer fora uma vez ou outra e pode tirar férias uma vez por ano. Mas você está preso, e sair da esteira está mais para um sonho, não um plano. Nessa classe, possivelmente você tem alguma dívida no cartão de crédito e não está economizando o suficiente para se aposentar. É provável que você passe a maior parte de sua vida trabalhando apenas para manter seu estilo de vida.

Na classe esteira, você afirma: tenho uma boa condição, mas é muito difícil de sair de onde estou. Se eu continuar trabalhando assim, um dia poderei fazer as coisas que eu gostaria. Poderei ser feliz de verdade (o famoso sonho da aposentadoria recompensadora). Dia a dia, viver na esteira pode ser "tranquilo", até agradável. Mas ao final de trinta anos de esteira, você estará esgotado.

A classe livre tem a vida que gostaria de ter. Essas são as pessoas que têm a capacidade de fazer o que querem, quando querem. O dinheiro não é mais uma grande restrição na vida. De fato, o custo raramente é a primeira coisa que eles consideram. Com mais frequência, é tempo, qualidade, experiência, relacionamento ou simplesmente "eu quero".

Não estou falando apenas de bilionários ou de quem nasceu em berço de ouro. Na verdade, há uma onda crescente de pessoas que vivem essa vida construindo pequenos negócios automatizados que sustentam a vida. São os novos ricos. Ricos de tempo, e não de dinheiro.

A principal ideia aqui é: não se trata apenas de quanto dinheiro você tem, mas, sim, da quantidade de flexibilidade e liberdade que você tem. É também escolher o estilo de vida que você deseja. Conforme já contei, para mim, esse estilo de vida nunca foi viver o dia inteiro dentro de um escritório tomando banho de luz fluorescente.

O que é ser rico para você?

» Não ter de acordar com um despertador todos os dias?

» Ser capaz de tirar férias duas vezes por ano?

» Ser capaz de comprar algo sem se preocupar com o preço?

Aqui está o que decidi para minha vida rica.

Administro minha empresa de meu escritório em casa, sem luzes fluorescentes. Posso acordar, ter uma manhã de lazer e começar a trabalhar sem precisar de deslocamento. Eu queria ter liberdade agora, não daqui a quarenta anos. Então eu construí isso na minha vida. Fui morar em outro país, faço viagens constantes de quatro a cinco dias, em vez de apenas dois dias de final de semana, faço meus hobbies e dou minhas caminhadas.

E acompanho de meu celular minhas vendas:

Resumo de Pedidos do Dia em 2020-03-11 17

Pedidos:
48

Número de itens vendidos:
57

Valor Bruto:
$11,114.00

Descontos:
-$1,030.00

Valor de Venda:
$10,084.00

Nesse dia, passeei com meus pais aqui em Ottawa. Não usei escritório, não entrei em salas de conferência, e mesmo assim minha empresa seguiu vendendo para meus clientes normalmente.

Eu sei que isso é incomum, mas não é um acidente. É o resultado da construção de um negócio que suporta minha liberdade e flexibilidade, que suporta minha vida rica.

Como seria a sua? Você teria um escritório em casa? Você viajaria mais? Você passaria as tardes com seus filhos ou faria uma aula de ginástica? Sua vida rica é sua, mas você precisa planejá-la e criá-la. Lembre-se do exercício do dia ideal. Como é seu dia ideal?

Samit Rethi diz: "A maioria das pessoas pega um trabalho aleatório, olha ansiosamente as fotos de viagens no Instagram, sonha com 'liberdade', depois encolhe os ombros e entra em uma sala de conferências com carpete marrom com café morno e um viva-voz na sala de conferências. Essa é minha visão de inferno pessoal."

Nós nos perguntamos por que temos dificuldade em sair da cama e nos motivar a fazer as coisas. Infelizmente, finais de semana não são suficientes para "recarregar". Eles não mudarão nada. Cinco minutos de meditação também não mudarão. Você tem de ser corajoso o suficiente para enfrentar o sistema e decidir mudar sua vida.

Todos nós queremos liberdade. Todos nós queremos que a flexibilidade seja espontânea. Todos queremos a capacidade de dizer sim quando alguém ou algo que amamos aparece. Mas será que estamos dispostos a fazer as mudanças necessárias para obter isso?

≫ A ESCADA DA LIBERDADE

Depois de começar, você descobrirá que existem muitos níveis diferentes de liberdade. Você vai atingindo-os aos poucos, priorizando o que importa, criando sua própria jornada. Podemos chamar isso de Escada da Liberdade.

Existem diferentes níveis de liberdade que você conquistará aos poucos. O primeiro degrau de todo empreendedor é conhecido como "ser dono do próprio nariz". Chamo de liberdade para tomar suas próprias decisões.

NÍVEL 1: LIBERDADE PARA TOMAR MINHAS PRÓPRIAS DECISÕES

Todo empreendedor que larga um emprego convencional e passa a tocar sua própria empresa sentirá um imenso prazer na liberdade de poder:

≫ Criar seus horários.

» Escolher o ritmo do trabalho.

» Decidir quais tarefas fazer.

» Desenhar as estratégias da empresa.

O problema desse nível é que muitas pessoas não conseguem passar dele, ou pior, em pouco tempo elas regridem.

Abrir uma empresa sem o mindset correto e o pensamento de automação e terceirização rapidamente fará você criar uma vida mais aprisionante do que um emprego. Muitos empreendedores ficam anos sem tirar férias, trabalham exaustivamente além do horário comercial, incluindo finais de semana.

Mas o próximo passo de liberdade está na capacidade de manter a liberdade do nível 1, mas somar a ela a capacidade de gerar lucro e usufruir da comodidade financeira.

NÍVEL 2: LIBERDADE DE PREOCUPAÇÕES DE R$10

Você já pegou um táxi e ficou olhando o taxímetro, sofrendo a cada aumento na tarifa total com medo de sair mais caro do que você podia pagar? Esse tipo de aperto financeiro deveria ter ficado nos seus vinte e poucos anos.

Empreender precisa gerar comodidade financeira. Não estou falando de ser milionário, mas da tranquilidade de poder gastar dinheiro para tornar sua vida mais cômoda. Poder gastar um pouco a mais para pegar um Uber Black (em vez do Uber X), estacionar seu carro no valet parking, em vez de ficar procurando vaga na rua, e assim por diante.

O importante é escolher a comodidade e o ganho de tempo. Algumas das opções talvez sejam consideradas luxo, mas não ostentação. Não estou falando de comprar uma Ferrari, mas poder escolher um bom carro automático, em vez de um com câmbio manual.

NÍVEL 3: LIBERDADE DE TEMPO

Quando comecei a empreender e montei minha empresa de consultoria, eu tinha os níveis 1 e 2 de liberdade.

Eu fazia meus horários, mas, por vender minha hora, eu não podia tirar férias à vontade. Minhas horas dedicadas ao trabalho estavam diretamente relacionadas ao meu faturamento. Se eu não trabalhasse, eu não ganhava dinheiro.

E quando você é sua hora de trabalho, só existem duas formas de ganhar mais: vendendo mais horas ou cobrando mais caro por elas. Em ambos os cenários, existem limites físicos e de percepção de valor. Se existem limites, a liberdade é limitada.

NÍVEL 4: LIBERDADE DE LOCALIZAÇÃO

Depois que a LUZ deixou de ser uma consultoria e passou a ser um e-commerce de planilhas em Excel, a limitação de tempo deixou de existir. Afinal, eu não vendia mais minhas horas, e a empresa funcionava relativamente bem sem mim. Mas nós ainda tínhamos um escritório, e ele era peça central na interação da equipe e do modus operandi dela.

Criar a cultura do trabalho remoto é fundamental para ganhar a liberdade de localização e poder trabalhar de onde quiser, quando quiser.

NÍVEL 5: LIBERDADE DAS EXPECTATIVAS

O último passo da liberdade é livrar-se das expectativas que a sociedade tem sobre nós. Esse é um nível de liberdade que eu particularmente ainda estou trabalhando, mas é peça fundamental para nos sentirmos felizes com nossa própria medida de sucesso.

Um dos grandes erros que as pessoas que estão começando cometem é assumir que precisam realizar todos esses degraus ao mesmo tempo. Errado! Você pode começar metódica e lentamente. Isso pode levar uma vida inteira para ser dominado verdadeiramente, e cada passo é uma vitória.

NÍVEL 6: LIBERDADE DO MEDO DA FALTA DE RENDA

O último nível, para mim, é eliminar o medo de seu negócio falir e você ficar sem nenhuma fonte de renda. Todo empreendedor tem esse medo. O problema aqui é que ele pode fazer com que se regrida todos os níveis de liberdade citados antes. Para sobreviver, topa-se tudo.

Para se libertar desse medo, é importante que se tenha mais de uma fonte de renda, possivelmente por meio de múltiplas empresas. Este é o verdadeiro teste da implementação da empresa automática ou a garantia de seu envelhecimento precoce por excesso de estresse.

Mas quem consegue tocar mais de uma empresa com poucas horas de trabalho e ter múltiplas fontes de renda é o equivalente a atingir a liberdade plena.

›› DIVERSIFICANDO SUAS FONTES DE RENDA

Uma vez, conheci um empreendedor serial carioca, desses da velha guarda, sabe? Não estou falando de startupeiro, não. Estou falando de um empreendedor que tinha uma empresa de instalações elétricas e era sócio em uma rede de motéis, em uma padaria de bairro, uma empresa de aluguel de geradores e tinha um conjunto de quitinetes que alugava na zona oeste da cidade. Era um empreendedor honesto, de origem humilde, muito simpático, que gostava de curtir a vida, os amigos e a família.

Certa vez, escutei dele o seguinte: "Minha principal fonte de renda é a minha empresa de engenharia, mas em momentos difíceis nessa empresa, quem me segurou foram meus outros negócios." Foi assim que aprendi a importância de proteger minha vida financeira diversificando minhas fontes de renda.

Todo consultor de investimentos sempre lhe dirá que a melhor maneira de investir seu dinheiro é diversificando. A diversificação distribui os riscos e aumenta seu retorno no longo prazo. Por que, então, a maior parte da população depende somente de seu salário? E boa parte dos empreendedores depende da renda de uma única empresa?

O problema é que no modo tradicional de gestão de empresas, empreendedores mal conseguem tocar uma empresa, imagina duas ou três. Afinal, foi tentando diversificar minhas fontes de renda empreendedoras que desenvolvi minha síndrome de pânico.

Também não acho que devemos diversificar demais. Ou seja, não acho que criar empresas demais seja o caminho. Considero que ter de duas a cinco fontes de renda seja o ideal, mas somente se elas tomarem muito pouco de seu tempo.

Mas não é preciso ter pressa. Criar uma segunda fonte de renda não se trata de aproveitar uma oportunidade que passou na sua frente, se trata de estar com um primeiro negócio dominado, que lhe provê renda e liberdade.

É preciso estar com a cabeça livre, com espaço para novas ideias e soluções para desafios que serão enfrentados ao criar um novo negócio. Sem pressa, sem pressão, com calma.

Dinheiro não dá no pé, mas você pode plantar uma empresa que dê dinheiro constantemente com pouca manutenção. No início, toda árvore dá trabalho. É preciso semear, regar, proteger do sol forte, adubar, proteger de pestes etc. Mas uma vez que ela se torna uma árvore forte e sadia, o trabalho reduz muito, e todos os anos ela te dará frutos.

Veja bem, momentos difíceis sempre serão difíceis. Sua renda cairá, e se houver uma recessão econômica, é provável que suas outras empresas também sintam. Talvez algumas delas até subam. O que importa é que sua renda não irá a zero.

Outro ponto importante é que seus negócios não tenham custo fixos altos. Por isso, reforço que é fundamental não ter sedes físicas, folha de pagamento etc. Em momentos de crise, empresas que têm custos fixos altos passam a se tornar fontes de prejuízo e possivelmente de dívidas. Empresas automáticas têm o mínimo de custo fixo possível, sendo sua maior parte de custos variáveis, que, em caso de queda de vendas, também caem proporcionalmente. Portanto, entenda bem que sua diversificação deve ser de renda, e não de prejuízo.

REFLEXÕES
DO CAPÍTULO 8

» Trabalhar duro não resolverá sua vida.

» Crie liberdade e flexibilidade para sua equipe e família também.

» Crie riqueza de tempo e qualidade de vida, não somente de dinheiro.

» Siga a escada da liberdade.

» Diversifique suas fontes de renda com múltiplas empresas automáticas.

CONCLUSÃO

História da Vida

Tempo: ✓
Dinheiro: ✗
Energia: ✓

Tempo: ✗
Dinheiro: ✓
Energia: ✓

Tempo: ✓
Dinheiro: ✓
Energia: ✗

Um bom resumo da história da vida moderna é mais ou menos assim: quando você é jovem, você tem muito tempo, muita energia, mas não tem dinheiro; quando é adulto, você tem dinheiro, ainda tem energia, mas não tem tempo; e quando é idoso, você tem tempo, tem dinheiro, mas não tem energia.

Apesar de ter empreendido pela primeira vez aos 8 anos de idade, alugando os jogos de Nintendo para meus amigos da escola, eu acho normal não ter dinheiro enquanto você é criança. Afinal, seus pais lhe darão, na medida do possível, os itens básicos para você viver bem. Também é compreensível não ter energia quando se é idoso. Afinal, nosso corpo já opera em outro ritmo, em outra dinâmica.

Curiosamente, segundo um artigo da revista *The Economist* que reúne a conclusão de inúmeras pesquisas,[1] a vida adulta é nossa fase menos feliz. Por quê? Porque temos excesso de responsabilidades e nos falta tempo. Ou seja, nossas fases mais felizes são as fases mais curtas de nossa vida.

De uma forma geral, podemos considerar que cada fase leva, aproximadamente, o seguinte tempo:

- **Somos jovens por 25 anos.** Podemos considerar que a fase da brincadeira e diversão termina ao final da faculdade. Talvez você argumente que ela acaba com 18 anos, antes da faculdade, ou somente aos 30 e poucos, quando você se casar.

- **Somos adultos por 40 anos.** A vida adulta tende a aumentar, uma vez que governos estão elevando a idade para a aposentadoria integral. Ou seja, a vida adulta, que antes durava dos 25 aos 65 anos, durará até os 75 anos e passará para um total de 50 anos.

- **E somos idosos por 20 anos.** Muitos ainda se aposentam com 65 anos e morrem com 85 anos. A crescente evolução da medicina, entretanto, está elevando a idade média de alguns países para 90 anos ou mais, então talvez possamos aumentar para 25 anos essa fase.

Diferente de quando somos crianças ou idosos, na fase adulta não temos tempo e nem liberdade para fazer o que quisermos. Exatamente na fase mais longa de nossa vida. Pense por um minuto nisso.

Não sei se você já teve a oportunidade de ler estudos sobre os principais arrependimentos de pessoas na reta final da vida. Existem inúmeros deles, feitos por diferentes instituições em diferentes épocas. Independente de

---

1 https://medium.economist.com/why-people-get-happier-as-they-get-older--b5e412e471ed

qual seja o estudo, as listas de arrependimentos são muito semelhantes. Eles se repetem com grande frequência.

A mais recente lista de arrependimentos que li, no momento da escrita deste livro, foi feito por Bronnie Ware,[2] uma enfermeira australiana que dedicou inúmeros anos de sua vida ao cuidado de pacientes em suas últimas doze semanas de vida. Bronnie registrava suas conversas com seus pacientes, o que acabou gerando uma lista com os dez maiores arrependimentos. São eles:

1. Eu gostaria de ter tido a **coragem de viver uma vida mais verdadeira** comigo mesmo.
2. Eu gostaria de **não ter trabalhado tanto.**
3. Eu gostaria de ter tido **coragem para expressar meus sentimentos.**
4. Eu gostaria de ter mantido **contato com meus amigos.**
5. Eu gostaria de ter me permitido **ser mais feliz.**
6. Eu gostaria de ter ficado **mais tempo com minha família.**
7. Eu gostaria de ter sido **mais cuidadoso com quem foi cuidadoso comigo.**
8. Eu gostaria de ter sido **mais presente na vida de meus filhos quando eles mais precisavam de mim.**
9. Eu gostaria de ter **escutado mais meus instintos.**
10. Eu gostaria de ter **seguido minha paixão.**

Apesar de ter um longo caminho para me livrar de alguns desses arrependimentos, tenho total tranquilidade de que uma boa parte deles não me perseguirá ao final de minha vida.

Hoje, eu me considero um semiaposentado, em plena vida adulta, pois exploro o melhor dos dois mundos: do trabalho e do não trabalho. E aproveito o tempo extra que tenho para me dedicar à minha família, à minha saúde, a viagens, a novos aprendizados e a desafios. Também me dou o luxo de ter dias em que não quero fazer nada. Isso é bom demais.

---

[2] https://bronnieware.com/blog/regrets-of-the-dying/

Mas talvez minha medida de sucesso não seja a mesma que a sua. É mais tempo e liberdade o que você também deseja? O que você faria com sua vida se tivesse mais tempo? Para você responder a essas perguntas, primeiro é preciso responder outra.

▶▶ O QUE É SUCESSO PARA VOCÊ?

Durante minha adolescência, mais ou menos dos 13 aos 26 anos de idade, eu tive algumas bandas de rock. Eu era o vocalista e tocava guitarra base. Muitos não percebem, mas o vocalista, além de ser o cantor da banda, é aquele que encara o público de frente, que olha centenas, talvez milhares de pessoas nos olhos. É o cara que, se errar, fica mais evidente, sabe? Então, era esse meu papel nas bandas.

Para um garoto tímido e medroso como eu, foi um puta desafio. E, mesmo me cagando, eu o enfrentei, pois sabia que ali tinha uma oportunidade de curtir minha paixão por música e uma oportunidade para enfrentar meus medos.

Fazer um show é um dos momentos altos de qualquer banda. Mas, para ser sincero, eu não curtia fazer shows, não. Entenda, eu me diverti muito fazendo-os, mas não foram os meus momentos de maior prazer. Eu curtia mesmo era tocar com a galera da banda em ensaios dentro de um estúdio fechado. Ali eu me sentia 100% à vontade. Ali eu estava entre os meus bons amigos. Era só diversão.

Minhas melhores lembranças de minha banda são os finais de semana de ensaio na casa do Leitão, baterista da banda, em Vila Cosmos, na Penha. Ou nos ensaios, toda terça-feira à noite, das 22h às 00h, com direito a chopp e sanduíche no Cervantes depois. Nessa época, sucesso para mim era tocar bem com meus amigos, não era subir no palco.

Já para meus outros amigos, não. Eles obviamente curtiam os ensaios, mas fazer um bom show era o grande prazer deles. Era o reconhecimento que desejavam para além dos membros da banda. Cada um de nós tem a sua medida de sucesso. Qual é a sua?

Infelizmente, a sociedade atual cria uma medida de sucesso genérica para todos. Somos bem-sucedidos se tivermos fama e dinheiro. Todos nós, de uma maneira ou de outra, somos contaminados por isso.

Conclusão

Mas se tivéssemos coragem para deixar de lado essa medida que nos é imposta, o que ser bem-sucedido significaria para você? Na adolescência, tive uma banda cover de Pearl Jam, e uma das músicas que gostávamos de tocar, chamada Curdoroy, tinha um verso que falava "can't buy what I want because it's free" (não posso comprar o que quero porque é de graça).

Quando jovem, era fácil associar essa frase ao amor. Eu não podia — e não posso — comprar o amor de ninguém. Mas com o passar dos anos, passei a entender que eu também não podia comprar tempo, liberdade e flexibilidade. Eu não podia comprar felicidade.

Nossa medida de sucesso muda com o passar dos anos, e precisamos redesenhar nossa vida em torno disso. Minha medida de sucesso provavelmente terá novos pequenos ajustes com o passar do tempo, mas está claro para mim que o dinheiro não é capaz de comprar tudo e que o acúmulo dele não me tornará mais feliz.

Não questiono que o dinheiro é capaz de comprar coisas boas, mas ele não preenche nossa vida. Basta ler a história de inúmeros empreendedores que venderam suas empresas por bilhões ou de grandes executivos que se aposentaram milionários. Todos com suas propriedades de luxo. Acharam que atingiram o topo do mundo, compraram mansões e carros esportivos, mas a felicidade gerada por isso tudo durou pouco tempo.

A maior parte desses casos de sucesso atinge o "clímax" e logo em seguida cai em depressão. Não sabem como lidar com o tempo. Não sabiam quem eram além do executivo/empreendedor. Não sabiam mais quem eram seus filhos, sua esposa e seus amigos. O tempo tinha passado, e boa parte das coisas mais importantes da vida já tinha ficado para trás. Infelizmente, não era mais possível voltar no tempo.

Em busca do sucesso do dinheiro, acabamos nos dividindo entre dois caminhos: a vida executiva ou o empreendedorismo. E sacrificamos uma vida inteira nos mantendo ocupados com uma medida de sucesso imposta pela sociedade.

Nossa mente é nosso maior inimigo e ela tem ampla vantagem sobre nós. A primeira barreira a ser vencida é não permitir que ela direcione seus esforços com base em elementos externos. Sejam fotos nas redes sociais, seja o que capas de revistas e jornais vendem como sucesso.

Sucesso é uma medida muito pessoal, e precisamos entender dentro de cada um de nós o que ele significa. Uma vez que você compreende isso, começa uma segunda fase, que é a de admitir para você que é isso mesmo que você deseja.

Sucesso, para mim, era ter a liberdade para fazer o que eu bem entendesse, liderar a mim mesmo a alcançar novos objetivos. Eu precisava fazer aquilo que queria verdadeiramente, mas evitava, por ter vergonha de admitir.

Eu não tinha coragem de admitir isso para mim mesmo, muito menos para as pessoas ao meu redor. Eu queria trabalhar pouco para ter mais tempo, mas não admitia isso para mim, nem para meus sócios ou pessoas mais próximas. Levou algum tempo até eu me sentir seguro para afirmar isso. Então, eu pergunto mais uma vez: o que é sucesso para você?

Se você for fundo nessa pergunta, é provável que encontre uma resposta simples. E é muito provável que ela não seja um caso de sucesso para a mídia tradicional e nem o caso de ter um bilhão de dólares na sua conta bancária.

A maioria das pessoas talvez queira poder repetir um bom dia de sua vida. Um dia em que acordaram com calma, trabalharam pouco, chegaram mais cedo em casa e tiraram uma soneca de tarde, brincaram com seus filhos, fizeram compras e cozinharam seu próprio jantar. Assistiram a uma série que curtem e dormiram cedo. Como é o seu dia ideal? Provavelmente sucesso para você será poder repeti-lo frequentemente. Nada chique ou glamoroso. Apenas um dia ideal que retrate como sua vida deveria ser.

Quando você sabe o que é sucesso para você, suas derrotas não serão casos de perda de dinheiro ou de falta de reconhecimento da mídia. Serão derrotas em não ser verdadeiro consigo mesmo. Serão derrotas em se desviar do que era o real sucesso para você. Serão os momentos em que você terá buscado o sucesso das capas de revista, e não o real significado de sucesso para você.

Nessa jornada de altos e baixos, o que me manteve seguindo em frente não foi o sucesso medido por dinheiro, mas aquele medido por tempo e por liberdade para viver a vida que eu queria. Foi o tempo que capturei para mim e que meus sócios e colaboradores também capturaram para si.

O tempo capturado foi o grande facilitador da vida de meus sonhos.

Conclusão

›› CAPTURAR TEMPO É UM MINDSET

Você já deve ter escutado essa fábula em algum momento da sua vida, mas eu não poderia deixar de replicá-la aqui. Ela é mais ou menos assim:

> Um homem de negócios estava passando suas férias em uma pequena vila de pescadores. Depois de receber um telefonema que o deixou estressado, ele saiu do hotel e foi para a praia esfriar a cabeça. Foi aí que observou um pescador voltando do mar em um pequeno barco com uma quantidade pequena de peixes frescos.
>
> O homem de negócios chegou um pouco mais perto e ficou fascinado com a beleza dos peixes. Então ele deu os parabéns ao pescador e perguntou quanto tempo levou para ele pegar aqueles peixes.
>
> "Só um tempinho", respondeu o pescador.
>
> "Por que você não ficou mais tempo e pegou mais peixes?", perguntou o homem de negócios.
>
> "Eu peguei peixe suficiente para mim, minha família e até mesmo para dar um pouco para os meus amigos", ele disse.
>
> "Mas o que você faz com o resto de seu tempo?", indagou o negociante.
>
> O pescador sorriu e respondeu com um tom calmo e relaxado: "Eu durmo até tarde, brinco com meus filhos, tiro uma soneca à tarde, e à noitinha eu dou uma caminhada na praia com minha esposa, bebo uma cervejinha, e toco violão com meus amigos. Eu tenho uma vida muito gostosa!"
>
> O homem de negócios riu e deu alguns conselhos ao pescador: "Olha, eu tenho um MBA de uma universidade de muito prestígio nos Estados Unidos e vou lhe ensinar um pouco sobre negócios. O que você deve fazer é passar mais tempo pescando e vender o peixe que você não consumir. Com o dinheiro extra que você vai ganhar, você pode comprar um barco maior e empregar algumas pessoas para lhe ajudar. Logo você terá dinheiro suficiente para comprar vários barcos e eventualmente montar uma empresa."

Ele continuou: "Olha, uma vez que sua empresa tenha crescido, você começa a exportar seu peixe. Aí você começa a vender direto ao consumidor, sem intermediário, controlando o produto, o processamento e a distribuição. Aí você se muda para Nova York e emprega os melhores gerentes do mundo para lhe ajudar a crescer o seu negócio."

O pescador aí respondeu: "Mas, senhor, quanto tempo vai levar isso tudo?"

O homem de negócios formado respondeu: "Quinze a vinte anos. Vinte e cinco, no máximo."

"E, depois, o que faço senhor?", perguntou o pescador.

O homem de negócios sorriu e respondeu: "Aí é que vem a grande recompensa! Na hora certa, você vende as ações de sua empresa ao público e torna-se muito, muito rico, com milhões de dólares em seu nome.

O pescador ainda não tinha entendido bem o propósito de tudo aquilo: "Milhões de dólares? E o que eu faria com todo esse dinheiro?"

E o negociante respondeu: "Você se muda para uma pequena vila de pescadores no litoral, dorme até mais tarde, brinca com seus filhos, ou, melhor, com seus netos. Tira uma soneca à tarde, e à noitinha vai dar uma caminhada na praia com sua esposa onde você pode beber uma cervejinha e tocar violão com seus amigos..."

"Mas não é isso que eu faço hoje, senhor?", respondeu o pescador olhando fixamente para aquele belo mar.

Empreender é uma jornada fantástica se vier acompanhada do que sucesso significa para você, do que te faz feliz. Empreenda sim, mas jamais se esqueça da riqueza do tempo!

Essa vida não me foi dada de presente. Foi necessário muito comprometimento. Foi necessário dizer muitas vezes não, e dizer sim errados e ter de voltar atrás e começar tudo de novo.

Empreender com o objetivo de capturar tempo só foi possível porque esse foi o meu mindset, foi a bússola que escolhi para traçar minha jornada. A cada decisão, eu pensava: isso me ajudará a capturar mais tempo ou tirará tempo de mim? Esse crescimento virá em detrimento da quantidade de tempo livre que tenho? Em detrimento do tempo para educar meu filho, curtir minha esposa, meus amigos?

Conclusão

Tobias Lütke, fundador do Shopify, a maior plataforma de e-commerce nos dias de hoje, revelou em recente entrevista[3] que propositalmente segurou o crescimento da empresa por alguns anos para não enlouquecer. A preocupação com o equilíbrio emocional é cada vez maior, e mesmo empreendedores que tinham uma postura de crescimento a qualquer custo estão revendo e abrindo isso publicamente.

Talvez sucesso para você seja ter 20% de seu dia livre, talvez você só queira 5%. Talvez você não se importe e ache que se matar de trabalhar lhe permitirá "se aposentar" antes dos 40 anos de idade. Talvez seja viajar o mundo. Ou, quem sabe, você ainda não tem certeza dessa medida de sucesso para você.

Seja qual for sua medida de sucesso, torne-a seu mindset. Ser capaz de desenhar seu modelo de negócio ou sua vida começa por esse mindset. Ele é o DNA da vida que você cria e vivencia. É o alicerce da vida que você constrói.

A jornada é longa e precisa ser fonte de prazer. Você precisa caminhá-la sabendo seus limites. Costumo trabalhar quatro horas por dia e dificilmente trabalho mais do que seis horas, mas gosto de trabalhar um pouco nos finais de semana. É assim que vivo uma vida feliz e equilibrada.

» UMA EMPRESA 100% AUTOMÁTICA, É POSSÍVEL?

Indo direto ao ponto: não, eu não acredito que já exista uma forma de criar um negócio em que você apenas aperta um botão e assiste o dinheiro entrar sem qualquer interferência sua. Pelo menos, ainda não. Eu não acredito na tal chamada "renda passiva" que muitos vendem por aí.

Para ser sincero, minha vida ideal não é uma vida sem trabalho. Não acho que viver em eternas férias ou eternamente aposentado seja legal. No meu conceito de vida ideal, existe uma certa dose de trabalho, sim. Ele só não ocupa a maior parte do meu dia, e precisa ser essencialmente composto por tarefas estimulantes, tarefas que exercitem criatividade e evolução. O importante é você saber que é possível trabalhar sem ter de fazer tarefas repetitivas e de baixa exigência intelectual. Esse tipo de tarefa precisa ser feita por uma máquina ou alguém mais especializado do que você.

---

[3] https://www.businessinsider.com/billionaire-shopify-founder-explains-how-he-handled-crushing-stress-2019-9

O início dessa jornada não é automatizável, como já falei anteriormente. Sistemas precisam ser azeitados, automações podem sair do lugar. Problemas podem e vão acontecer. Mas, com sistemas funcionando corretamente, tudo não passa de ajustes a serem feitos para que as coisas voltem a rodar normalmente em versões mais robustas em relação ao que você tinha antes.

Você será exigido intelectualmente, de tempos em tempos, para pensar em novas estratégias para aumentar seu sucesso ou corrigir novos problemas que podem te levar ao fracasso. É como um piloto de avião que faz pequenos ajustes durante o voo, mas o avião segue voando em velocidade de cruzeiro.

Livros tendem a passar uma mensagem de que tudo é mais fácil do que parece. Na cabeça de seus autores, que já enfrentaram desafios e abriram a cabeça, de fato, é mais fácil do que para quem ainda não fez nada disso. Eu sei.

A citação de minhas experiências aqui não é para me gabar ou passar essa imagem de que "eu sou foda". Minhas experiências servem para mostrar que tudo que estou falando aqui é real e que você também pode fazer. Eu já passei por essa mesma estrada pela qual você está passando. Desejo apenas conseguir lhe mostrar o caminho, um caminho que traça um sucesso diferente do que a sociedade e a mídia pregam. Um caminho de sucesso que está longe dos holofotes e que valoriza o tempo mais do que o dinheiro em si. Não que você não possa ganhar bastante dinheiro, mas que ele não é um objetivo a ser alcançado a qualquer custo.

Segundo Gretchen Rubin, autora do livro *Projeto Felicidade*, felicidade é estar em uma "atmosfera de crescimento". Sabe aquele 1% melhor todo dia? É exatamente isso.

≫ MUDE SEU ENTORNO, MUDE VOCÊ

Você finalmente conseguiu colocar boa parte dos ensinamentos deste livro na gestão de sua empresa e livrou mais de 80% de seu tempo. E agora, o que você faz com ele?

Não é tão simples quanto parece, não é? Mesmo para mim, que já comecei essa jornada há mais de cinco anos, volta e meia ainda me vejo um pouco perdido com o que fazer com tanto tempo livre.

Conclusão

É claro, eu curto meus filhos, levo e busco na escola em 90% dos dias, vou correr ou esquiar quando o dia está bonito, leio ou assisto algum vídeo quando fico com vontade etc. Mas, ainda assim, existe embutida em meu subconsciente a necessidade de ser "produtivo".

Alguns dias atrás, comentava com meus sócios que, mesmo sem ter o que fazer e com o tempo livre para gastar no que eu quisesse, eu, volta e meia, me encontrava sentado na frente do computador, pensando no que eu poderia fazer. Em parte, esse meu inconsciente queria "inventar" algo para fazer, queria estar ocupado.

O problema é que estar ocupado é uma necessidade que pode ser preenchida com qualquer coisa, mesmo com tarefas inúteis. Aliás, a maior parte do tempo, exatamente com elas. E se tem algo que me incomoda mais do que estar de bobeira é estar ocupado com inutilidades.

Nossa infância era repleta de momentos de tédio, mas na vida adulta ele é um desafio tão grande quanto aprender a meditar. Sabe aquele exercício de fechar os olhos e não pensar em nada? Então, esse mesmo. Simples e quase impossível. Tão difícil, que uma vez fiz um curso de meditação Vipassana em Miguel Pereira para tentar aprender como que funcionava.

O curso era uma espécie de imersão (ou retiro), em que fiquei dez dias em um sítio no meio do mato, acordando todos os dias às 4h30 da manhã e indo dormir às 20h30. Era praticamente o dia inteiro meditando, com alguns intervalos para refeições, descanso e higiene. E o mais interessante: foram dez dias em total silêncio. Não podíamos conversar uns com os outros. Eu diria facilmente que esse curso foi uma das coisas mais difíceis que já fiz em toda minha vida. Aprendi muito sobre mim, sobre acalmar a mente, e ainda carrego comigo muitos dos ensinamentos.

Mas nem por isso sou um cara zen igual a um monge. Viver em sociedade significa estar sempre estimulado pelo frenético entorno. Entretanto, se nosso entorno nos influencia tanto assim e se você deseja uma vida mais tranquila, precisa mudá-lo também. Foi por isso que decidi que queria morar em um lugar mais tranquilo, em uma casa com quintal e natureza ao meu redor, longe de um grande centro urbano.

Eu morava no bairro Botafogo, no Rio de Janeiro, e já vinha pensando em me mudar para a região serrana. Provavelmente a cidade de Teresópolis seria a escolhida, mas uma viagem para visitar minha cunhada no Canadá acabou mudando os planos em cerca de 8 mil quilômetros.

Outra coisa que decidi é que quero passar mais tempo de meu dia em trabalhos criativos manuais. Fazer projetos de marcenaria, escultura ou pintura, algo que mexa com minha criatividade, mas envolva trabalho manual.

O trabalho manual é uma forma de se manter ativo e relaxar a mente. É praticamente uma forma de meditação. O foco na tarefa na frente dos seus olhos com o movimento do corpo é terapêutico. E, acima de tudo, me retira da frente das telas do computador e do celular, me desconecta do mundo digital um pouco.

Comprar seu tempo é um processo gradativo, não acontece de uma hora para outra. Você começará se liberando uma ou duas horas por dia. Ou quem sabe conseguirá começar a trabalhar de home office todas as quartas-feiras ou parar de trabalhar ao meio-dia às sextas-feiras.

Existem diferentes formas de começar a reduzir o número de horas dedicadas à sua empresa, e tudo dependerá de quais estratégias você colocará em prática primeiro. Cada empresa tem uma dinâmica diferente, processos e gargalos diferentes.

Não se esqueça de valorizar o "tempo livre". Nossa vida é baseada em certos intangíveis que são muito mais valiosos do que dinheiro. Temos focado apenas em como valorizar o tempo para o trabalho, mas existem mais três aspectos que são igualmente críticos para uma vida boa:

1. **Saúde.** Se você trabalhar demais, sua saúde acabará sofrendo, e você poderá não conseguir colher suas recompensas eventuais ao máximo.
2. **Relacionamentos.** Se você trabalhar às custas de seus relacionamentos, talvez não tenha ninguém com quem desfrutar de suas eventuais recompensas financeiras.
3. **Riqueza.** Você é o investidor número 1 em você e em sua empresa. Sua maior riqueza é o seu tempo. O tempo é mais valioso do que o dinheiro.
4. **Trabalho.** Fazer um trabalho bom e prazeroso é fruto da criatividade. Estudos recentes mostram que a criatividade acontece nos espaços vazios entre trechos de trabalho duro e focado. Em outras palavras, você precisa usar o tempo livre para "não fazer nada", se quiser criar algo significativo.

A maneira como você deve equilibrar esses quadrantes é alocando seu tempo. A maioria dos empreendedores é naturalmente motivado a alocar a maior parte de seu tempo para trabalhar. Então, primeiro bloqueie o tempo não negociável de seu calendário para os outros três quadrantes. Em seguida, priorize seu tempo restante para atividades de trabalho.

Se você não sabe bem por onde começar e não sabe o que fazer com suas horas extras nos dias, tenho uma escala de prioridade para recomendar:

PRIMEIRO: COMECE CUIDANDO DE SI MESMO.

Já citei que acredito em fazer como em aviões quando acontece a despressurização da cabine. A instrução é clara em dizer que você primeiro precisa colocar a máscara em si mesmo e depois colocá-la em quem precisar de ajuda ao seu lado. Por exemplo, seu filho de 5 anos.

Essa é uma demonstração clara e objetiva de que, se você não tiver colocado a máscara e cuidado primeiro de sua vida, talvez não consiga ajudar o próximo. Se faltar oxigênio, você talvez não consiga colocar a máscara em seu filho e nem em você.

Em nossa vida, é assim que devemos lidar com nossos relacionamentos. Temos de vir em primeiro lugar, temos de gostar de nós mesmos, temos de estar bem de saúde física e mental para podermos ser bons gestores, pai/mãe, marido/esposa etc.

Então, suas primeiras horas livres devem ser investidas em você. Faça um esporte, dê uma caminhada, medite, vá à academia, ande de bicicleta, faça terapia, prepare o seu jantar mais saudável, tome um café da manhã com calma em uma padaria legal, faça um curso de marcenaria etc. Faça algo que seja você com você e ninguém mais.

SEGUNDO: DEDIQUE MAIS TEMPO A SUA FAMÍLIA E A SEUS AMIGOS.

Família é um dos elementos mais importantes de nossa vida, inclusive é um dos maiores fatores de felicidade humana, segundo vários estudos.[4]

---

4 https://www.huffpost.com/entry/how-our-family-affects-our-happiness_n_560ed2d9e4b0af3706e0b07b

Quando eu falo de família, é comum pensarmos no nosso núcleo familiar mais próximo, como nossa esposa/marido e nossos filhos. E está certo, eles devem ser nossa prioridade do grupo familiar. Mas não podemos deixar de lado também nossos pais e irmãos. Eles foram parte fundamental de nossa formação e ainda deveriam ser de nossa vida. Eles nos conhecem melhor do que muitas pessoas.

Portanto, aproveite o tempo livre para levar ou buscar seus filhos na escola, marcar um almoço no meio da semana com sua esposa/marido, ir jantar (cedo) na casa de seus pais durante a semana, marcar um café da manhã com seu irmão ou irmã, marcar um chope ou almoço com seus amigos.

TERCEIRO: APRENDA A NÃO TER NADA PARA FAZER.

Esse ponto está diretamente relacionado ao que falei há pouco sobre a importância do tédio. Como eu disse, é um grande desafio, está enraizado em nós manter nossa agenda ocupada e nos sentirmos produtivos.

Tente deixar blocos em branco na sua agenda propositalmente. Não marque nada, medite, tire um cochilo, olhe para o teto, assista a um seriado. Só evite, se conseguir, redes sociais.

O importante aqui é aprender a relaxar e entender que tudo bem não fazer nada de vez em quando. Você achará muito estranho no início, mas depois aprenderá a curtir.

QUARTO: VIVA NOVAS EXPERIÊNCIAS.

O tempo livre pode servir para você fazer aquela trilha que sempre quis, no meio da semana, quando está vazia. Pode servir para você viajar na quinta à noite e curtir um final de semana de três dias (tudo bem se seu filho faltar à aula um diazinho aqui ou ali). Pode servir para você ir em um restaurante diferente que fica mais longe.

São inúmeras as possibilidades de novas experiências. Elas podem estar ao seu lado, no seu bairro, no bairro ao lado ou na cidade vizinha, a poucas horas de carro.

Mas ela também pode estar a um voo de distância. Viajar não é barato, mas se você viajar fora dos dias de pico, fica muito mais em conta, chegando a ser 50% mais barato e sem filas ou excesso de gente dificultando a experiência.

Uma das coisas boas do tempo livre com sua empresa rodando no automático são as microférias ou microaposentadorias que você pode usufruir. Vai por mim, você não precisa esperar ter 60 anos para viajar pelo mundo. Você pode até mesmo ir morar em outro país ou em uma cidade de interior com um custo de vida mais barato e maior qualidade de vida. Já falei isso, né?

QUINTO: CONTINUE APRENDENDO.

A ciência comprovou[5] que a curiosidade é um dos fatores-chave para nosso bem-estar. Quem convive com crianças sabe que a mente jovem é movida pela curiosidade. A criança comum provavelmente faz mais perguntas em dez minutos do que o adulto médio em dez dias. As crianças são personificadas pela curiosidade.

Mas à medida que envelhecemos, nossa curiosidade tende a diminuir. Outros estudos[6] descobriram que, em média, a abertura de uma pessoa a novas experiências e novas sensações diminui constantemente com a idade. Ao mesmo tempo, a apatia aumenta. Enquanto muitos idosos não seguem essa tendência, há alguma verdade no clichê do "velho cabeça-dura" que é avesso à novidade, que adere rigidamente a rotinas e opiniões desgastadas pelo tempo.

Acontece que a expectativa de vida hoje já ultrapassa os 80 anos de idade. Diferente do passado, a maior parte de nós não mais trabalhará uma vida inteira na mesma empresa e no mesmo mercado. Sua empresa dificilmente durará uma vida inteira. Talvez você crie uma nova empresa a cada década.

Aliás, parte de continuar aprendendo pode estar relacionado a enxergar novas oportunidades de negócios automatizáveis e/ou terceirizáveis. Diversificar suas fontes de renda, como eu faço, é uma forma importante de ganhar segurança financeira e paz. É confortante saber que, se um negócio começar a ir mal, posso me sustentar com outros dois que tenho e até investir mais neles para crescerem e preencherem o espaço que o outro deixou.

---

5 https://onlinelibrary.wiley.com/doi/pdf/10.1111/jopy.12515

6 https://pubmed.ncbi.nlm.nih.gov/26146885/

O fato é que a evolução da tecnologia e da sociedade é cada vez maior, e se você não se mantiver em uma posição de eterno aprendiz, poderá ficar para trás. Em inglês, o termo *life-long learning* deixa claro que temos de continuar aprendendo por toda nossa vida.

Agora, lembre-se, o objetivo é sempre ter tempo livre, e não tempo livre da empresa, mas ocupado por outras várias coisas. Como eu disse, precisamos de margem de manobra. Temos de estar operando a 70% ou 80% de nossa capacidade, e não mais do que isso, mesmo incluindo todos os pontos que citei antes.

É claro que uma parte de mim gostaria de estar faturando mais, mas eu gostaria de estar me estressando mais? A resposta é não. Ganho bem o suficiente para ter uma boa vida. Não viajo de classe executiva, mas consigo viajar bastante e ficar em hotéis de quatro ou cinco estrelas. Não preciso economizar em minhas compras de supermercado, compro a maior parte das coisas que quero e, sinceramente, até muito mais do que preciso.

Não significa também que minha vida para por aqui. Ainda tenho muito a conquistar. Desde objetivos pessoais a profissionais, todos serão habilitados pela minha liberdade de tempo. Quero ser um eterno aprendiz. Quero ser livre para ir atrás de minhas curiosidades.

ÍNDICE

A

agrupar e desagrupar, conceito 79

Alexa, assistente virtual 82–83

Alexander Osterwalder, autor 157

Amazon 50, 58, 82

ansiedade e depressão 105–106, 128

Anthony Moore, músico 40

apocalipse econômico 50

Ash Maurya, autor 105

Associação Brasileira de Empresas de Pesquisa (ABEP) 227

Atul Gawande, autor 87

AutoCAD, software 78

automação 22
  definição 78

B

B2B, vendas 173

backoffice 76

Barack Obama 109

Bill Gates 219

Brian Chesky, fundador da Airbnb 31

Bruce Springsteen 225

C

Cal Newport, autor 113

capturar
  tempo 22–23
  valor 21–23

chatbot 139, 155, 176

Clayton Christensen, guru da inovação 42

códigos de barras 48

cold e-mails 173

coronavírus 68–69, 209, 223

crise do subprime 154

Critério de Classificação Econômica Brasil 227

cultura da empresa 65

Customer Relationship Management (CRM) 80

custos
 fixos 185
 variáveis 185

D

dados digitais 55
desapego psicológico do trabalho 200

E

e-commerce 76
economia compartilhada 115–116
Efeito IKEA 118–119
Elon Musk 198
empreendedor analógico 79
empresa
 familiar 120
 vertical e horizontal 128
Enterprise Resource Planning (ERP) 80
era da informação 209
Erich Fromm, psicanalista 148
Erik Dietrich, desenvolvedor 77
Erik Erikson, psicólogo 197
Escada da Liberdade 230–233
Eugène Ionesco, autor 36
Exercício do dez vezes mais 136–139

F

Faça Você Mesmo, mentalidade 91
fadiga da decisão 109–111
fazer boas perguntas 37–38
felicidade, o que é 28–29
ferramentas
 e serviços para atrair visitantes 164–171
 tecnológicas 21
funil de vendas 162–163, 172, 180

G

gargalo 83–84, 138
Gary Vee 107
Get Things Done (GTD), metodologia 36
gig-economy 104
Greg McKeown, autor 39
Gretchen Rubin, autora 28, 246

H

help desk 139, 176–177
hiperinflação 47–48

I

inbound marketing 163
indústria automobilística 115
Instagram 69

Inteligência Artificial 97
Interface de Programação de Aplicativos (API) 80–81
Internet das Coisas 59

J

Jason Cohen, empreendedor 142
Jeff Bezos, fundador da Amazon 129, 219, 220
Jim Collins, autor 41
Jonathan Levav, pesquisador 111
Josh Hannag, investidor 188

K

kanban 173

L

landing pages 172
líder-responsável 212–213
lucro
  bruto 185
  líquido 185–186

M

máquina de vendas 161
margem de manobra 15
Mark Zuckerberg 109
microperdas 107–108

mindset 38, 71, 77, 92
  digital 53
modelo de negócio 21
  automático 34, 85, 131–134, 143
  escalável 40
  estruturado 33

N

Netflix 56
Net Promoter Score (NPS) 178

O

outbound marketing 163

P

Paul Graham, empreendedor 31
Paulo Niemeyer, cirurgião 33
Peter Drucker, autor 37
plataforma open-source 174
pool de talentos 210
prática deliberada 199
processos enxutos 134–135
pró-labore 105
proposta de valor 21, 160
propriedade intelectual 143
público minimamente viável (PMV) 145–146

R

Ramit Sethi, autor 227
redes de apoio 86–87
regra de pareto 135
revolução
    agrícola 121
    da internet 114–116
    digital 50–51, 121
    industrial 77, 114–115, 121
Roy Baumeister, autor 112
Ryan Holiday, autor 40

S

Sam Carpenter, autor 90
Samit Rethi, autor 230
Satya Narayan Goenka, guru 195
Seth Godin, autor 145
Shai Danziger, pesquisador 111
síndrome do pânico 109, 127
Sistema Toyota de Produção 134
software de help desk 76
Steve Jobs 76, 109
subprime 25

T

taoísmo, tradição filosófia e religiosa 201
tecnologia de automação residencial 81–82
terceirização 22
ticket médio 80
Tom Shadyac, diretor cinematográfico 26
trabalho profundo 199
transformação digital 50, 52, 54, 69
Treinamento de Alta Intensidade Intercalado (HIIT) 198

V

valor percebido 79
venture capital 196

W

Warren Berger, autor 37
Waze, aplicativo 49
workaholic 198

Y

YouTube 69